Making Books

a guide to creating hand-crafted books
by the London Centre for Book Arts

裝幀事典

倫敦書籍藝術中心，
手工裝幀創作技法全書

LaVie⁺麥浩斯

倫敦書籍藝術中心——著

王翎——譯

目錄

專業好評推薦

（依姓氏筆畫排列）

本書作者為倫敦書籍藝術中心的兩位創辦人，他們對推廣書籍藝術有高度的使命感，從手造紙、印刷到手工裝幀……，其工作室所開設的課程可謂是一應俱全。在推廣的過程中，他們累積了許多教學經驗，將艱深的課程轉化成這本易讀易懂的書，並整理了各種手工裝幀的方法、道具，不藏私地全面介紹供大家參考。藉由本書的裝幀實務，讓讀者可以輕鬆入門，對於喜歡動手、想要親自裝幀的人相當實用，可以跟著書中的指導跟著做。並理解手工裝幀世界精彩多元的面貌。

作為一個喜歡看書、藏書，對裝幀工藝感興趣，但卻每天以商業印製作為工作的我而言，一直很希望從這樣手工製書的教程汲取靈感，並且改善提升商業製書流程的細節。我認為本書不僅適合入門的興趣者，對於未來會進行書籍設計的專業者也都值得一看，將此書作為書籍製程重要的參考書也不為過的！

——— Miki Wang
小福印刷負責人、PAPERWORK紙本作業創辦人、「活版今日」活版印刷節召集人

對於紙本的創作與專題製作，關注紙材與印製之外，此書的手工裝幀工藝製法與技法，確實提供了實作很重要的基礎製本認識，也超想在工作室弄一間這樣的製本空間。

———王慶富 ｜ 品墨設計創辦人

此書喚起了我在研究所時學習書籍裝幀與書籍修復的記憶，日日在紙頁間一針針的往返穿梭、搭配單純或繁複的封面裝飾，領略翻閱書籍的另一種美。

全書圖文務實、優雅簡潔，為理解裝幀技藝的知識與入門奠下基礎。

———范定甫 ｜「三間」藝術修復機構創辦人&主事修復師

前言

　　我們希望透過這本書，以淺白易懂的方式介紹書籍裝幀工藝，寫作風格也盡量和我們經營藝術中心的原則一致：盡可能在追求實用的同時，保持對傳統工藝的欣賞。本書中示範的一些做法，是以經典裝幀技巧為基礎，發展出實用的變化版本，並盡量避免使用特殊的設備和材料，以便於在家自行製作手工書。我們選擇強調「創作手工書」，而非嚴格遵從的傳統書籍裝幀方法，因為我們最終希望向讀者傳達的是，書冊的價值不只在於美觀的外表或精巧的技術細節，而是可供藝術家、作家，或任何有想法想要分享或記在紙上的人運用的傳播媒介。

　　「書籍藝術（book arts）」一詞對不同的人來說，意義可能有所不同。藝術家手工書（artist books）、書籍藝術作品（book works）、精美裝幀（fine bookbinding）、藝術家獨立出版品（artist publications）和限量製作藝術品（artist multiples），可能指的是同樣的東西，也可能以很多不同的形式出現。我們偏好以「書籍藝術」一詞泛稱以書冊的概念或形式為核心、也同時含括很多不同技法的工藝。簡而言之，藝術家手工書是藝術家刻意運用書冊的形式和概念（包括敘事、資訊編排呈現、文圖互動等等）創作出來的成品。

　　倫敦書籍藝術中心（London Centre for Book Arts）是致力於書籍藝術和藝術手工書出版的工作室，由藝術家經營並開放大眾使用工作室的設備。經過數年蒐集設備、機器並募集資金，我們在2012年秋天遷入面積近48坪（1700平方英呎）的工作室現址。工作室很快就開始營運，目前開設以一般大眾為對象的手工書製作和印刷課程，成為英國第一間此類型的書籍藝術中心。

　　工作室位在倫敦東區的魚島區（Fish Island），就在伊莉莎白女王奧運公園（Queen Elizabeth Olympic Park）對面──過去的倫敦印刷業重鎮的心臟地帶。工作室所在的建築物，以前曾是印刷廠和平版印刷廠。科技日新月異，產業也隨之革新。這個過去百業昌盛的地區，現在只剩下幾間特殊印刷廠和一些迷人的老建築。當工廠遷走後，有藝術家開始進駐這些被遺留下來的建築物中，近幾年，魚島區和鄰近的哈克尼威克（Hackney Wick）漸漸成為歐洲藝術家工作室最密集的區域。雖然我們會來到這個見證印刷工藝傳統的地區創立工作室，純粹是因緣際會，但是仍誠摯地希望能在傳統的延續上盡一己之力。

　　我們的使命，以及從創立之初就奠定的指導原則，是營造分享知識和交流技藝的空間，藉由合作、教育和開放大眾使用印刷和裝訂設備，在英國精進和發揚書籍藝術和藝術手工書出版。

　　為了履行使命，我們主要分成以下幾個層面進行：

教育推廣

我們定期在工作室及各個中小學、大學、美術館、博物館和其他機構開辦工作坊和課程。工作坊的教授重點以工藝為主，例如書籍裝幀（本書中收錄了部分技法教學）、印刷、燙金（foil blocking）、製紙和大理石紋染（marbling）。我們也特別開設進階級工作坊和課程，提供給想探索不同印刷製版技法並運用在創作中的藝術家參與。

開放式工作室

中心裡的所有工具和設施，都開放給中心會員使用。我們盡力提供價格實惠的會員制度，沒有任何門檻，開放給所有藝術家、設計師、手工藝愛好者，或只是心血來潮想做一本書的朋友加入。中心提供與製作工藝有關的建議和指引，以及自助出版的相關細節說明。

專案空間

我們也進行一些創意企畫，包括出版專案、藝術家駐點，及與藝術家合作的書籍製作或出版專案。和其他藝術家合作、協助催生作品，是經營工作室最啟迪人心的一環。中心也定期舉辦新書發表會、朗讀會、展覽和其他活動，鼓勵社會大眾多多和藝術家、作家和出版社交流互動，積極參與形塑當代的書籍藝術和創意出版潮流。

如想了解更多細節，請上我們的網站www.londonbookarts.org。

左圖：創立工作室的兩位藝術家塞門·古迪（Simon Goode）和米村藍良（Ira Yonemura）。

裝幀間
The bindery

裝幀間佔了工作室大約一半的空間，另一半空間則是印刷間。裝幀間平日相當熱鬧，工作室成員和參加工作坊的會員都在裡頭工作。

　　裝幀間目前的配置，是在過去四年間不斷地嘗試磨合後，所調整出最符合工作室和會員需求的方式。本書中提供了一些在家進行裝幀的實用訣竅，但是開始進行之後，你就能依據經驗打造出最自在便捷的工作環境。

　　我們的裝幀間裡有一些大型設備屬於專家級設備，對於在自家進行手工裝幀可能不太實用，所以在接下來的幾個單元中，會介紹一些沒有大型設備時的簡單替代做法。

　　位在裝幀間中央的是**工作台（workbench）**。理想的裝幀間工作台應該堅實穩固，高度大約及腰，這個高度不論站著工作，或坐在高腳凳上縫書或做其他精細手工都很舒適。工作台的台面要夠大，橫放最長的尺或鋪開切割墊都不會感到侷促。

　　工作區盡量隨時保持整潔。在擁擠雜亂的台面工作，最容易發生失誤和意外。在工作區附近擺一個廢紙簍，方便隨手丟棄上膠時墊在底下承接溢出膠劑的紙片，讓工作區保持清爽。

　　工作台後方的牆面上掛了一塊洞洞板。我們把最常用的工具，包括刷子、大小剪刀、尺、分規、鎚子甚至縫線，都掛在伸手可及的板子上。

工作台和裝幀間裡另外幾件器具設備，都來自英國牛津大學博德利圖書館（Bodleian Library）的裝幀間。博德利圖書館是歐洲其中一座歷史最悠久的圖書館，我們非常幸運，能在牛津大學開始翻修裝幀間時接收了幾件舊物。

刀鍘式手動裁紙機（board chopper）是用於裁切、修整灰紙板（greyboard）和書封紙板[01]（millboard）的機器。刀鍘式手動裁紙機沉重結實，通常是鑄鐵材質，利用兩道刀片像大剪刀一樣輕鬆省力地切穿紙板，最重要的是能以刀刃垂直紙面的方式裁切。

壓書機（laying press）和加工壓書機（finishing press；見第14頁）都是用於書脊上加工，可能是進行上膠、裁切、書脊捲背（backing）、縫綴書頭布，或前書口染色或燙金時，讓書保持穩定的木製壓書設備。壓書機比加工壓書機稍大，多半會和一種被稱為「裁紙座（tub）」——設置在大約及腰高度的框架——一起使用，適合用來加工較大本的書冊或是用切書邊刀（plough）裁切書頁時使用。

工作室中最常用的機器設備是**電動裁紙機（guillotine）**，用來將好幾令（ream）的紙一次裁切成需要的大小，或垂直裁切書口。一般裁書可以手動裁切（見第49頁），但如果有整疊的書或數令紙張要裁切，又沒有電動裁紙機可用，或許可以請當地的印刷廠或影印店協助。

01 譯註：製作書封用、密實堅固的紙板，也稱書皮紙板、壓榨紙板。

由左至右：刀鍘式手動裁紙機、壓書機和電動裁紙機。如果是手工裝幀的書籍，可依個人喜好決定是否裁邊，有些人偏好保留手工書的毛邊。

縫書框（sewing frame；下圖左側）是裝幀間裡最古老的設備之一，運用木造的框架，可以同時縫綴好幾份書帖。加工壓書機（下圖右側）的功能類似壓書機，是在為書脊上膠和裱襯（lining）時用來固定書冊的工具，適合較小型的作品。

　　在裝幀間裡有數台**書帖壓緊機（nipping press）**，這是大多數裝幀間裡常見的特殊古董設備，用來壓實書冊、書帖和硬板。

工具 & 設備
Tools & equipment

在家製作手工書時，無需太多工具就可以完成很多工作。雖然很多步驟都可以隨機應變，改採替代方案，但還是需要備妥幾種價格不貴的實用工具。以下列出每種手工書製法一開始會用到的特殊工具。

其中很多工具不只在書籍裝幀時會用到，也可以運用在其他工藝，沒有的話也可以用家裡或當地手工藝材料行可找到的工具替代。

書籍裝幀師和其他手工藝人一樣，對自己的工具都抱有特殊的情感，而裝幀間裡的工具也會培養出和使用者相同的氣質。所以鼓勵大家嘗試不同的工具，找出最適合自己，也最適合每種製法的工具。

你會需要的工具

如果你之前從來沒有接觸過手工裝幀，會需要先準備幾種簡單的工具。我們推薦以下幾種既符合本書介紹的技法所需，也是精選的入門級書籍裝幀工具：

1. 木工角尺
2. 鞋匠用平口削皮刀（clipt-point shoe knife）
3. 山型夾或長尾夾
4. 手術刀〔史旺摩登（Swann Morton）3號手術刀柄搭配10A刀片〕
5. 錐子
6. 剪刀
7. 刷子
8. 分規
9. 摺紙棒（15公分／6吋；尖角形）
10. 自動鉛筆和橡皮擦
11. 裝幀用縫針18號（size 18 [02]）
12. 金屬製直尺
13. 金屬三角尺或三角板
14. 書鎮和壓書板（右圖中無此項工具）
15. 切割墊（右圖中無此項工具）

關於推薦的手工藝材料行名單，請見第190頁。

[02] 譯註：適用於內頁用紙及25/3+縫書線。

我們盡量採用英國製造的工具，一方面是考量品質，另一方面也希望支持世代以來致力於製作傳統手工藝用具的店家。在尋覓工具時，我們認識了幾位打造工具的匠師。雖然英國和其他地方的相關產業歷經更迭，這些匠師們仍然對自身技藝懷抱無比熱情，持續製造品質優良的工具並以此自豪，我們在大開眼界之餘也獲得許多啟發。

1.

2.

3.

4.

5.

6.

7.

8.

9.

10.

11.

12.

13.

摺紙棒（骨刀）

　　通常以牛骨製作的扁長工具（也稱為骨刀），用來在紙上壓出或刻劃摺線。傳統的摺紙棒其中一頭比較尖細。工作室中常用的摺紙棒長15公分（6吋），一頭呈尖角形。大多數書籍裝幀師手邊會有各種尺寸、形狀的摺紙棒，應用在不同的裝幀工作。摺紙棒需要定期潤滑，可以在礦物油裡浸泡整晚，也有一些書籍裝幀師偏好將摺紙棒尖端沿著自己的鼻翼刮一刮。

鐵氟龍摺紙棒

　　鐵氟龍製成的摺紙工具，和牛骨材質的摺紙棒一樣有不同尺寸和形狀。鐵氟龍摺紙棒的價格比較高，但優點是不會在材料上留下記號或拋光痕跡——在所用材料比較特殊或脆弱嬌貴時可以考慮使用。

錐子和手鑽（pin vice）

錐子是握柄裝上針狀尖桿組成的工具，用來在紙張或紙板上鑽出穿縫線的孔洞。工作室中常用的錐子握柄是圓形木製，針狀部分長5.75公分（2¼吋）。手鑽（下圖中無此項工具）是類似鑽子的工具，握柄部分（夾頭）可換裝不同的鑽頭或鑽針。使用手鑽的話，建議鑽頭部分裝上裝幀用縫針18號。

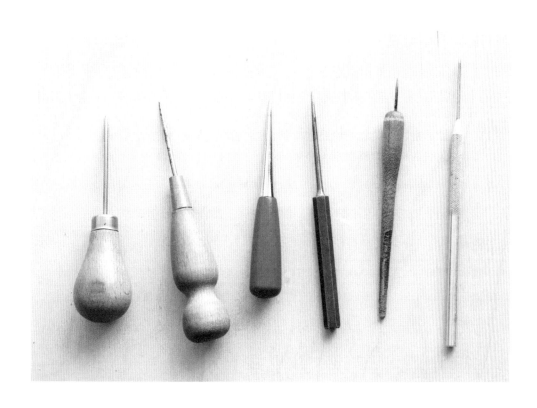

刷子

　　刷子是用來塗敷黏膠或漿糊。如果有大小、材質不同的刷子可視情況選用，當然最為理想。工作室中一般使用以鐵絲綑束起的豬鬃毛刷，木製握柄直徑3公分（1¼吋）、長15公分（6吋）。刷子用久之後，可以剪去刷毛磨損的部分，再將鐵絲解開，改成使用靠近握柄的部分。刷毛如果是用金屬套圈或環箍綑束，用久了可能會褪色或生鏽，每次使用後一定要確實沖淨並晾乾。

鞋匠用平口削皮刀

　這是補鞋匠的常用工具，在書籍裝幀中是用來劃開紙張，在任何類型的工藝作坊中都是順手耐用的萬用工具。沒有的話，舊的奶油抹刀是很好的替代品。

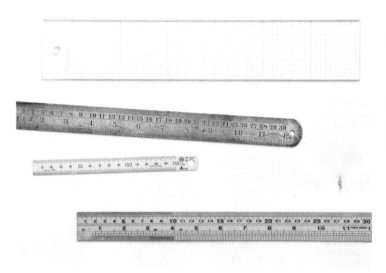

直尺

　量測和劃記時使用。建議至少準備兩支鋼尺：一支較短（30公分／12吋），一支較長（60公分／24吋）；可以的話，再準備一支透明方格直尺。盡量挑選比較重的尺，使用時比較不容易滑開。

機工角尺／ 直角尺

　劃記和量測直角用的工具。機工角尺的尺柄和尺翼都是鋼製，而直角尺的尺柄是木製。

三角板，或三角尺

　鋼製或塑膠製的三角板或三角尺，是用來劃記和量測90度角或45度角的角度是否正確。

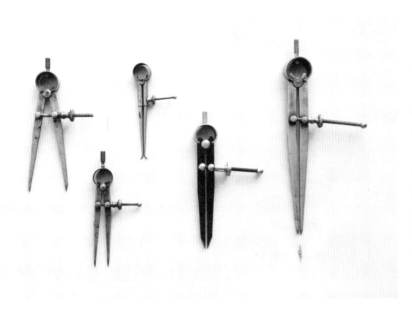

分規

分規這種工程製圖工具，在書籍裝幀中是用來精確量測和標記等長線段。10公分（4吋）的分規就非常實用，尤其適用於本書中的手工書製法範例（如果要做比較大本的書冊，選用較大的分規會比較順手）。

手術刀

握柄和可更換的刀片組成的工具，用來進行較精細的切割。刀片有不同形狀和大小，裝幀間裡最常用的是史旺摩登3號手術刀柄搭配10A刀片。也可以用操作順手、切割精準且可更換刀片的筆刀或美工刀替代。

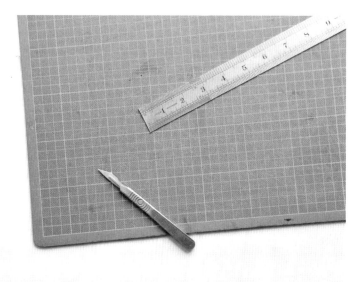

切割墊

用手術刀或銳利刀片切割時的最佳底墊，割痕會自動密合，有網格可對準也相當方便。切割墊最好比製作的書冊再大一點；A3或A2尺寸都很理想。在美術用品店和手工藝材料行皆可買到切割墊。

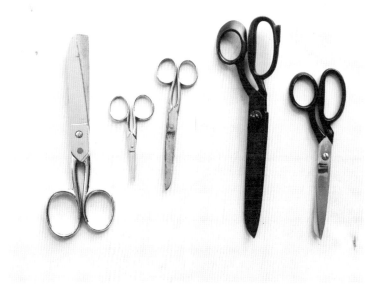

剪刀

書籍裝幀上用到一般剪刀或大剪刀，通常是用來剪裁縫線和書布，裁切紙張通常使用手術刀或鞋匠用削皮刀。裝幀用大剪刀（原本是裁縫專用剪刀）的上方刀刃是方便精確剪裁的鈍端，能準備這樣一把特殊剪刀當然最好，不過本書介紹的手工書製法只需要用到品質良好的一般剪刀或大剪刀。

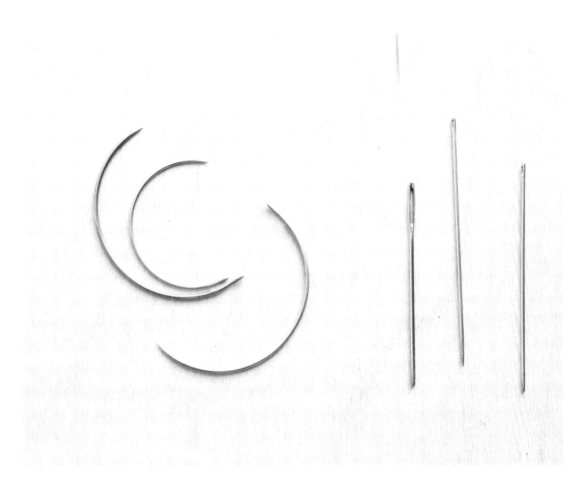

縫針

　　用錐子鑽出可穿線的洞之後，需要用縫針將紙縫成一份書帖。將兩份或多份書帖縫在一起，就是雙帖裝幀或多帖裝幀。裝幀間裡最常用到的是18號裝幀用縫針與皮革用縫針，兩種縫針的規格都適合亞麻線，針眼經過拋光，不易造成斷線。皮革用縫針為圓頭針，可避免縫裝成台時不小心刺破紙張。也可以用補綴針或穿珠針替代。彎針也稱為床墊針，在應用特殊線裝技巧如**環結裝幀**（Link stitch binding；見第148頁）時會很實用。

書脊鎚

傳統皮革工匠和補鞋匠所使用的鎚子，圓形鎚頭較寬而且平滑重實。也可用具有乾淨圓形鎚頭的類似鎚子代替。書脊鎚是在製作圓背硬皮裝幀（見第182頁）時，用來將書脊敲圓（rounding）。

山形夾或長尾夾

用來夾住固定數小疊紙張或數台紙頁。在美術用品店和文具及辦公用品店都很容易買到。

書鎮和壓書板

　　裝幀間裡備有書帖壓緊機，用來將書帖和書冊盡量壓平。如果沒有書帖壓緊機，會需要準備一些書鎮，和幾塊木板或密集板（MDF）當成壓書板。書鎮材質不拘，只要是體積不大的重物即可，例如磚塊、裝滿小石頭的罐子、老熨斗或古董鎮紙（在古物市場或二手商店很容易找到）。為了避免書鎮在紙上留下刮痕，可在外面包一層保鮮膜、紙或書布。壓書板的表面必須非常光滑平坦，每邊必須比要製作的書多出至少5公分（2吋）。

材料
Materials

在構思手工書作品時，不僅要注重選用的材料在視覺上能否相互搭配，最好還能充分利用每種材料的本質和特性。就像前一單元介紹的工具，本單元介紹的材料各有不同的特質和用途，在選用時都要納入考量，才能製作出最理想的成品。

本書示範的手工書製法，皆盡量選用容易取得的材料。如果初次接觸手工裝幀，不建議馬上選用最精緻昂貴的材料，可以試著在品質和價格間取得平衡。

這個單元一開始先介紹書冊的結構，請先熟悉書冊不同部位的名稱，在後續單元較能得心應手。介紹完書冊相關的基本用語，接著會列出各類材料，並說明用途和特性，然後詳細介紹紙張的尺寸、重量和絲流。

書冊的構造

　　一本典型的書是由封面、封底、書頁和書脊組成。如果想要更詳細地描述一本書，特別是要自己開始製作手工書，就需要了解一些簡單的專有名詞。

　　下方插圖為書本的基本構造，右頁的插圖則呈現出一本簡單的硬皮精裝書的不同部位（大多數詞語也適用於其他裝幀形式的書冊）。

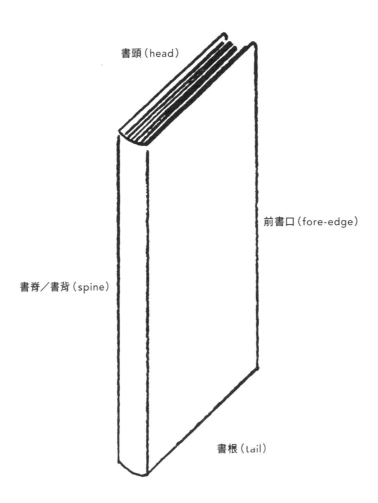

書頭（head）

前書口（fore-edge）

書脊／書背（spine）

書根（tail）

材料

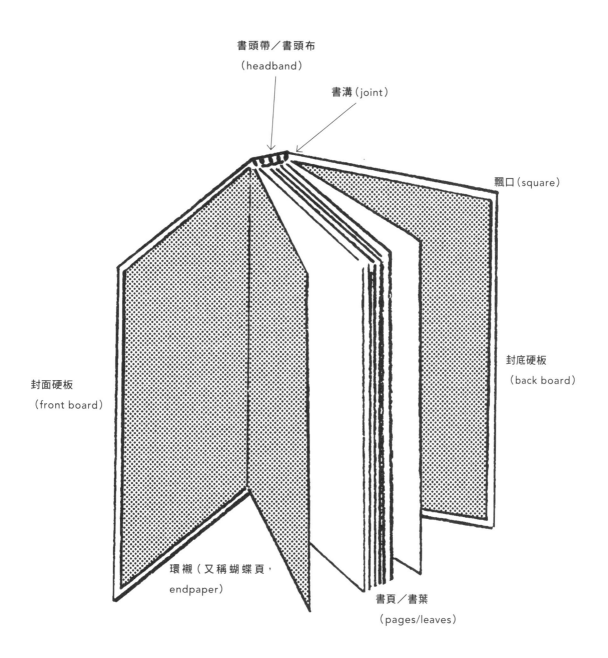

書頭帶／書頭布
（headband）

書溝（joint）

飄口（square）

封底硬板
（back board）

封面硬板
（front board）

環襯（又稱蝴蝶頁，
endpaper）

書頁／書葉
（pages/leaves）

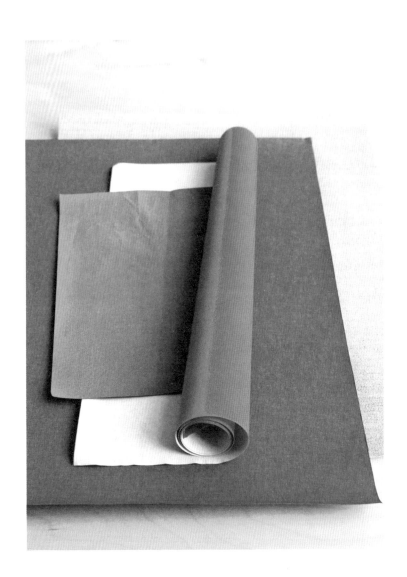

書布

　　傳統的書布是在布料加襯薄紙板製成，紙板可以避免黏膠滲入布面那一側。書布的顏色和表面加工方式繁多，其他可用的布料包括硬布（buckram），這種經過上漿的堅韌布料主要用於「圖書館裝幀」（library binding）。

縫線

　　亞麻製成的線堅實耐用,最常用於書籍裝幀。亞麻線有很多顏色和不同粗細,比較常見的規格是18/3、25/3和40/3,其中18/3最粗,25/3用途最廣,40/3最細。亞麻線可能以軸為單位或束成一捆販售(編成辮狀比較方便拿取)。用來裝幀書冊的縫線最好先過蠟,做法是使用前在蜂蠟上來回磨一兩下,可以減少摩擦和打結,縫綴時比較好用(見第55頁)。

白膠

　　白膠(PVA膠、聚醋酸乙烯酯)是書籍裝幀常用的黏著劑,建議使用適合裝幀的白膠(冷膠),成品的品質會比使用一般手工藝用的便宜膠水更好,也能保存更久。裝幀師使用白膠是因為這種膠是水性的,乾掉之後會變得透明且略具彈性。白膠可以用來黏合多台精裝書的書脊,將書衣黏在灰紙板上,以及將多層材料重疊黏貼。

灰紙板、封面紙板

　　灰紙板或封面紙板是製作精裝書的材料,有不同厚度,我們主要使用厚度1公釐、1.5公釐、2公釐和3公釐的灰紙板。灰紙板是用回收材質製成的,不是無酸材料,如果很在意裝幀作品能否長久保存,建議以無酸的封面紙板替代。封面紙板放久不會變質,有1.2公釐到3公釐等不同厚度,價格通常是灰紙板的四或五倍,比較適合在有特殊裝幀需求時使用。

寒冷紗、無毛邊硬棉布（mull、fraynot calico）

製作精裝書冊時為了讓書脊更堅實而且有彈性，內側會加襯寒冷紗（mull）或無毛邊硬棉布（fraynot calico）。寒冷紗是布料，有上漿而且相當薄。無毛邊硬棉布是一種白色薄棉布，因為剪開後不會起毛邊而得名。

防滲片（塑膠材質）

在等待膠乾時，防止溼氣由上了膠的表面滲透到書冊中其他表面的材料，也可以防止書頁黏在一起或起皺。我們使用幾種不同的防滲片，最便宜常見的是透明膠片，也可以用蠟紙或把透明文件袋剪成塑膠片替代。防滲片每邊應比要製作的書的邊長略長一點，多半和吸墨紙一起使用以加快乾燥速度。

緞帶

想要幫精裝書（見第168頁）加上書籤的話，建議使用寬3公釐（吋）的緞帶。在一般服飾材料行和手工藝材料行都可買到。

牛皮紙和馬尼拉紙

牛皮紙（kraft paper）和馬尼拉紙（manila paper）都是堅韌耐用的紙張，是幫精裝書的書脊加襯和加固的材料。牛皮紙比較薄，基重一般為90gsm，通常為褐色（最常用來打包包裹）。馬尼拉紙是堅固的卡紙，大約200gsm，很適合用來加固書脊和做為布面書皮的硬襯。

書頭帶

書頭帶（書頭布、頂帶）傳統上是用彩色絲線包住繩帶，或是以皮革材質的帶芯製成，縫在書裡的書脊頂端和底端位置。書頭帶有助於防止書頭和書根周圍磨損，但還是以裝飾功能為主。就本書介紹的手工書製法範例來說，建議使用市面上成軸販售的機器製書頭帶，裁切成需要的尺寸即可上膠黏在書頭和書根。

廢紙

隨時備妥一疊廢紙，可在上膠時墊在底下。舊報紙和舊雜誌都很適合。

紙張尺寸

　　國際標準化組織（ISO）制訂的標準紙張尺寸在全世界大部分國家都通用（注意在加拿大和美國不適用），其中包括不同系列的紙張尺寸：本書中所有手工書製法範例，都採用最常見的A系列紙張尺寸。

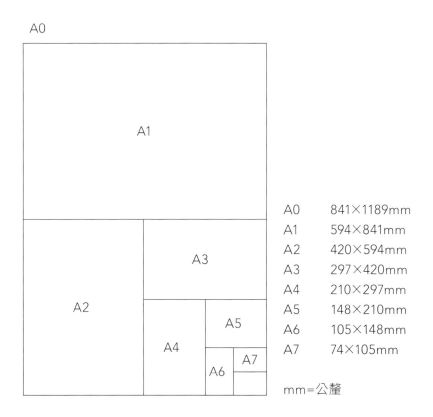

A0	841×1189mm
A1	594×841mm
A2	420×594mm
A3	297×420mm
A4	210×297mm
A5	148×210mm
A6	105×148mm
A7	74×105mm

mm=公釐

　　如上圖所示，標準紙張尺寸的長寬比都相同，表示將一張A1大小的紙以短邊對短邊的方式對摺或對半裁切後，得到的半張紙的長寬比和原本的那張紙相同。

　　大多數店家都供售A系列各個尺寸的紙張。如果沒辦法取得A系列尺寸紙張，建議根據上面提供的尺寸自行準備，或將大小不同的紙張裁切成A系列尺寸。注意尺寸列表中提供的吋數是大約的長度。

紙重

紙張重量的單位是「基重（gsm）」，也就是每平方公尺的公克重：如果將一平方公尺的100gsm紙張裁切成較小張後一起秤重，秤出來就是100克重。這個單位只決定紙張重量，但和厚度沒有絕對的關聯。有些特別光亮或有塗層的紙，感覺起來會比重量相同但沒有塗層的紙更薄。

一般來說，書籍中的紙頁（稱為內頁用紙）重量大約從60gsm（很薄）到150gsm（偏厚）。盡量在書籍大小和紙張重量之間取得平衡。有時候會用比較厚重的紙製作大本書冊，但是同樣的紙如果用來製作較小本的書，成品可能會太沉重。

絲流方向

在開始進行任何手工書製作之前，首先要了解紙張的**絲流方向**（grain direction）。

製作中用到的紙張大部分是機器製造，機造紙具有特定的絲流方向。在製紙過程中，造紙機器以滾動方式將紙（這時候還是薄薄一層溼紙漿）送出，滾動送出的方向決定了纖維排列延伸的方向，也就是絲流方向。

製作手工書的最高指導原則，是所有材料的絲流方向都必須和書脊平行，包括內頁用紙、環襯、書封硬板、書布和書脊襯料。運用材料時如果「擺錯」絲流方向，可能會造成環襯起皺，硬板乾掉之後會捲起變形、無法保持平整。一張紙的絲流方向決定了這張紙是否適用於特定的手工書製法，以及應該如何摺疊和操作。

接下來的單元將以循序漸進的方式，說明如何判斷一張紙的絲流方向。

本書的絲流方向

基本技巧
Some techniques

有一些基本的圖書裝幀技巧，是所有初學者都必須熟練的。藉由本單元的基本技巧示範，希望能引導讀者開始熟悉，前一單元介紹的工具和材料之間的互動。基本技巧中有些相當簡單，也有些需要多練習才能上手。

我們根據過去的訓練和經驗，歸結整理出基本的技法指南，專業的書籍裝幀師的手法和風格會有不同的變化。另外也別忘了，不同的材料往往有不同的表現──關鍵在於多番嘗試。剛開始試做時，建議謹慎地按照步驟進行。等到運用工具和材料時都已得心應手，再依個人喜好加上變化。

可以從本單元開始，依序練習每種基本技法。也可以直接從比較簡單的製法範例開始，例如「**三孔小冊**」（第 64 頁），或「**圖紋書封摺葉本**」（第 88 頁），需要用到特定技巧時再回頭查找這個單元的說明。

確認絲流

　　每次開始製作手工書之前，都需要先確認要用的紙張的絲流方向。等到熟悉接下來的步驟，以後就會習慣性地確認紙張絲流。

　　將紙張平放在工作平台上，將較長的一邊輕輕翻起，對準相對的長邊（左圖1）──不要用摺的──用同樣的方式翻起較短的一邊（左圖2）。可能需要多做幾次，輪流翻起較長邊和較短邊。翻起紙張的時候，你會注意到翻起其中一邊的阻力比較大。如果將短邊翻起對準短邊時阻力比較小，表示這張紙是短絲流（short-grain；逆絲流、橫紋紙）；如果將長邊翻起時阻力比較小，表示這張紙是長絲流（long-grain；順絲流、縱紋紙）。

　　採用前述方法之後，如果還是不確定絲流方向，可以從紙張角落處裁下一小塊長方形紙片，沾溼（也可用舌頭舔溼）其中一面。沾溼的紙片應該會捲起，而且捲起的兩邊與絲流方向平行，如箭頭所示（下圖和左圖3）。關於絲流方向的進一步介紹見第41頁。

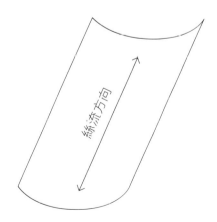

絲流方向

1.

2.

3.

1.

2.

摺疊紙張

摺紙乍聽似乎很簡單，但**請注意每次摺疊都應該力求精準。**如果有一次摺疊稍微沒有對準，接下來就會愈摺愈歪。每次摺疊都要使用牛骨摺紙棒（或鐵氟龍材質），盡量一開始就謹慎細心地進行，之後比較不容易遇到太大的問題。

將紙張放在乾淨平坦的平面上。將紙對摺，確認邊角完全對齊。將紙壓住固定，在對摺形成的邊緣中間處輕輕向下壓（圖1）。

從中間開始向外壓平，用摺紙棒壓出明顯的摺線（圖2）。

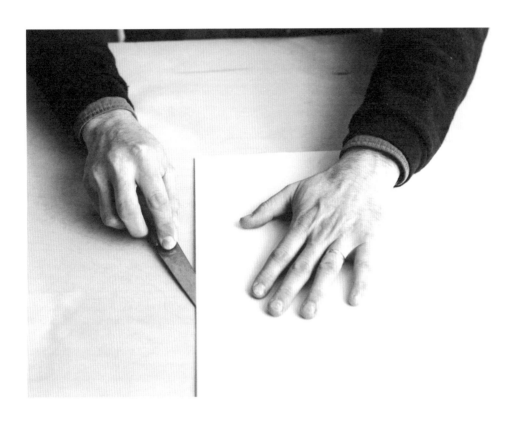

使用鞋匠用削皮刀

　　鞋匠用削皮刀的刀刃稍鈍，刃緣平整而且有彈性，不像鋒利的手術刀容易劃傷紙張，但足以沿著摺線裁切紙張。削皮刀搭配摺紙棒一起使用，就可以很輕鬆地將大張紙張摺疊並裁切成小張，也很方便摺疊書帖和裁成需要的大小。

- 摺疊紙張，確認摺線清晰平整。
- 刀刃應盡量貼齊工作平面。
- 刀刃和紙緣之間應形成約30度角。
- 將刀刃底部靠住紙張開始裁切。
- 裁紙的原則是由下向上、由內向外。

用手術刀切割

在用手術刀切割任何材料之前,務必確認刀刃保持鋒利。用鈍掉的刀片切割不僅費時較久,而且無法保持精準,也可能造成危險。盡量養成定期更換刀片的習慣,如果用來切割灰紙板或類似材料就需要特別留意。

- 務必使用切割墊。
- 在紙張上量測確認並標記開始和結束切割的端點。
- 將直尺放在兩個端點之間,用力壓住直尺以免滑動。
- 切割時將手術刀貼齊較重的金屬尺——注意不要移動直尺。
- 將要裁切的紙片兩頭對齊,檢查標記是否精準,確認兩頭寬度相同。

用手術刀裁書邊

這個技法主要應用於只包含一或兩份書帖的輕薄書冊。至於包含多份書帖的較厚書冊,需要將每一份書帖分開裁邊,或是使用電動裁紙機。

- 一律從前書口開始裁切。
- 將書冊放在切割墊上,書脊對齊網格。
- 將金屬尺蓋在前書口上,露出要裁掉的部分(確認直尺對齊切割墊上的網格)。用力壓住直尺(此時建議站著進行作業)。
- 用換好新刀片的手術刀,貼著尺緣小心地輕輕裁切,從書頭裁到書根。裁切時很重要的一點是動作輕柔(不要太用力),而且分多次裁切,每次下刀裁切一到兩張。
- 如有需要,重複同樣步驟裁切書頭和書根。注意裁切方向是從書脊到前書口。

書帖

書帖（也稱台、疊）是構成大部分書冊的基本單元。如果只有一份書帖，可以變化成不同的小冊，甚至製成由多份書帖組成的精裝書。書帖通常是將單張紙摺疊數次後裁開，形成包含多頁的鬆散結構。只要一張紙、摺疊棒和削皮刀就可以製作出書帖。

書帖也可以用多張紙製作，將紙張分別順著絲流方向對摺，再全部疊在一起。如果手邊只有比較小張的紙，這種方式有時候是最理想的。原則是相同的，務必確認紙張的絲流方向和書脊平行。一般來說，構成書帖的紙張不要對摺超過3次，否則摺成的書帖會過厚，很難摺疊而且沒辦法攤平。

書帖裡的紙張對摺次數和頁數，取決於紙張的大小和絲流方向。

上圖：穿線裝訂成一本的8份書帖。

書帖摺法

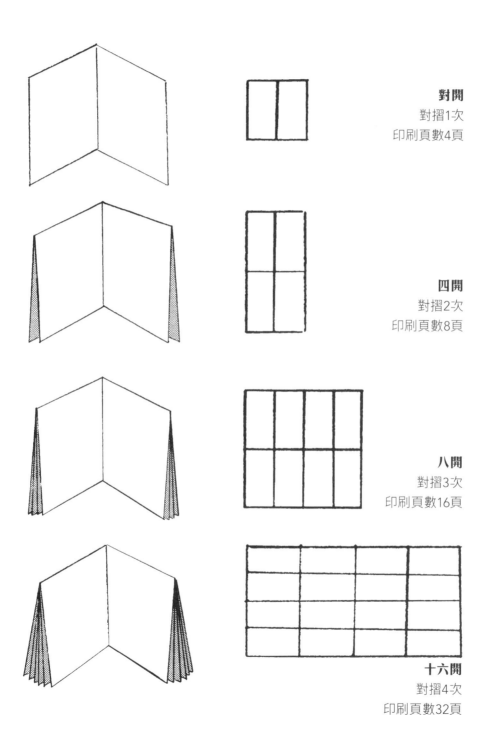

對開
對摺1次
印刷頁數4頁

四開
對摺2次
印刷頁數8頁

八開
對摺3次
印刷頁數16頁

十六開
對摺4次
印刷頁數32頁

製作書帖

需要的材料

紙張（A2或更大張，80〜130gsm，短絲流）

摺紙棒
鞋匠用削皮刀

1. 確認選用短絲流的內頁用紙（見第44頁「絲流方向」）。以對齊短邊的方式將紙對摺。確認兩邊完全對齊，再用摺紙棒壓出清晰摺線。

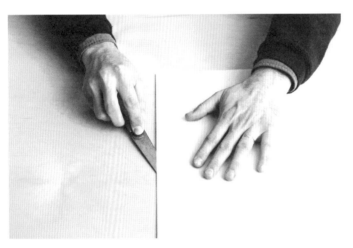

2. 用削皮刀沿摺線裁開全長的二分之一。這個做法有助於避免摺線角落處出現類似「魚尾紋」的皺紋。

3. 將對摺的紙張轉90度，小心地對摺第二次。

4. 和先前一樣，用削皮刀沿摺線裁開三分之二。

5. 將對摺的紙張轉90度，對摺第三次。

6. 不需再沿摺線裁開，第三次對摺後就完成了A5大小的16頁（印刷頁數）書帖，或者說八開書帖。

裁開書頁

　　裝訂包含多份書帖的書冊時，會發現成品書頁在書頭和前書口處還是相連的。不用驚慌：在裝幀完成之前，先讓對摺的地方保持完整（先不裁開），這樣可以確保書頁排序不變，不會在裝幀時不小心脫落。

　　等裝幀好書冊之後，可以用削皮刀將相連的書頁裁開（如圖），完成裝幀或繼續接下來的步驟。

使用分規

分規是書籍裝幀中不可或缺的工具,在需要重複測量精確長度,或將一段邊長平分成數段較短線段時很常用到。約10公分(4吋)的分規是很好的入門工具。

操作說明:用拇指和食指拿持分規柄部,稍微施力向下壓,讓分規兩腳輪流從一點「走」到另一點。如果需要改變量取的長度,調整好兩腳間距,再次用分規移量,重複直到量測出正確結果。一開始可能需要試用數次才能抓到訣竅,但之後很快就熟能生巧。

縫線過蠟

裝幀時如需使用亞麻線,最好先在蜂蠟上磨幾下。過蠟的縫線比較不容易打結,穿過紙張縫孔時也會比較滑順。

將縫線過蠟時,先剪好要用的長度,將線段在標準大小的天然蜂蠟上,輕輕拉動幾下讓線沾裹上蜂蠟。拉動一兩次就足夠,注意不要沾太多變成摸起來黏黏的。

上膠

選用塗敷膠劑用的刷子時，需確認刷子的大小是否適合要上膠的材料：較大面積的表面需要比較大的刷子，不然塗敷時就得多沾幾次膠劑。

建議將裝膠劑的容器放在一張廢紙上，廢紙面積最好大於容器底部，以便盛接滴落的膠劑。在開始上膠之前，讓刷毛盡量「充飽」膠劑。做法是穩穩握住刷子（像拿匕首一樣在手心裡握緊，不是像拿畫筆一樣用手指捏持），浸入裝膠劑的罐子裡，直到膠劑淹過刷毛根部。反覆浸幾次，抹去多餘的膠劑，在廢紙上點幾下，確認刷毛上完全沾滿膠劑。將刷子「充飽」之後就可以開始使用。

在書布或紙張上膠的方式是從內向外。像拿匕首一樣握住刷子，用點壓的方式從中心開始向外上膠到邊緣。上膠時注意盡量不要讓材料捲起來：膠劑是水性的，所以書布或紙張會吸收水氣，並沿著絲路方向捲起。上膠的動作要快，特別是天氣較暖的時候，膠劑可能在準備好要黏貼之前就乾掉了。

如果要包覆在紙板等硬板的紙張或布料上膠，一定要先在比較薄的材料上膠。這麼做是讓材料有時間延展，也確保硬板乾掉之後比較不會皺曲變形。

壓書和晾乾

　　將硬板包覆書布或紙張後,小心地將表面壓平,確認邊緣沒有留下氣泡或空隙。壓平時墊一張乾淨的廢紙,以免摺紙棒在書布上留下痕跡。硬板兩面都抹壓平整之後,用兩塊壓書板夾起,再以書鎮(或書帖壓緊機)壓住晾乾,靜置至少20分鐘,若能靜置數小時最為理想,可以避免硬板因為浸染白膠的水氣而皺曲。

鎖線打結縫法

　　鎖線打結縫法(kettle stitch)是在需要將兩份書帖裝訂在一起時,從最靠近書頭和書根的孔眼穿線將兩帖縫裝在一起的方法──只用在包含三帖以上的書冊,主要用來加縫第三帖。

　　從最靠近書頭或書根的孔眼出針之後,由正下方第一帖孔眼和第二帖孔眼之間的位置入針,再從書頭或書根出針,在書脊處會形成一個線圈(如圖A)。針頭再向上穿過線圈,拉緊至剛好可以打結的程度(如圖B)。

　　完成鎖線打結之後,就可以繼續縫綴。如果是在一本書的最後一帖鎖線打結,多做一次鎖線打結,收針剪去多餘線段就完成了。

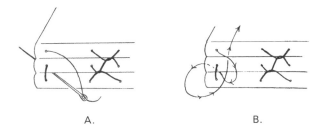

A.　　　　　　　　　B.

手工書製作教學

　　接下來幾個單元，將詳細介紹六種不同風格的手工書製作步驟及變化。所有製法範例大致依複雜程度排序：第一個範例**「小冊：三孔小冊」**是相較之下最簡單的；最後一個範例**「多帖硬皮裝幀：圓背精裝」**的步驟最為繁複。讀者可以按照個人能力和喜好選擇要嘗試的範例，不過我們強烈建議在挑戰**「多帖硬皮裝幀」**之前，先嘗試**「單帖硬皮裝幀」**或**「裸背裝幀」**的製作方法。

　　書中各單元示範的做法，大多取自藝術中心固定舉辦的工作坊課程內容（關於工作坊的資訊請見第7頁），相信可以幫助所有對書籍裝幀有興趣的讀者打下良好基礎，進而探索更多不同的風格和結構變化。

　　在熟悉幾種不同的裝幀風格和結構之後，就可以開始思考不同的書冊類型如何呼應不同的用途和內容——你可能會改用全新眼光看待以前不曾留意的書籍細節。

小冊
Pamphlets

小冊（pamphlet）也稱小書（chapbook），是形式最簡單的裝幀書冊。最基本的小冊是一份書帖（見第 50 頁）加上書封裝訂而成。在公司、學校或家門口的信箱裡，都很容易發現結構類似的小本子，不過一般是用騎馬釘裝訂的。這種裝幀方法快速廉價，可以很有效地傳播資訊，是小型出版社發行書刊，獨立出版者印製小誌（zine），甚至政治團體印刷宣傳小冊時的首選形式。

　　對於大多數人來說，小冊是接觸書籍裝幀的第一課。只要選擇適當的材料，再用亞麻線手工裝訂，就能運用裝幀小冊的方法，製作出風格優雅的筆記本、個人手札或藝術家手工書。

　　小冊裝幀的做法簡單，也有無數種變化方式。本單元將介紹四種不同的變化做法：三孔小冊、五孔小冊、雙帖小冊、背對背裝幀小冊。等到熟悉這些基本步驟，就能以小冊裝幀為基礎，改變厚薄大小和裝幀材料玩出無窮變化。

三孔小冊

材料

紙張尺寸見第40頁的說明。

內頁用紙：兩張A2紙。紙重不可低於80gsm
　　或超過130gsm，短絲流。

書封用紙：彩色A4紙，或比內頁用紙稍厚的
　　美術紙。紙重不可低於100gsm或超過
　　175gsm，短絲流。

廢紙。

亞麻線：粗細為18/3或25/3，長度約60公分
　　（24吋）。

工具

摺紙棒
削皮刀
一般剪刀或大剪刀
自動鉛筆
金屬直尺
錐子
裝幀用縫針
手術刀（筆刀或美工刀）
切割墊

製作教學

1. 將內頁用紙摺成兩份八開書帖（每帖16頁，見第52頁），以對齊中央摺線的方式將一帖插入另一帖。兩帖疊在一起，構成共32頁的一帖。

2. 將書封用紙以短邊對短邊的方式對摺。確認兩邊完全對齊之後，再用摺紙棒壓出清晰摺線。

3. 製作打洞用的「孔眼型版」：取一張廢紙片，裁切成和書帖等高、寬約60公釐（2½吋）。

4. 如圖所示，在紙片上做三個記號：一點標記在中間（以短邊對短邊的方式對摺的方式找出中間點），左右兩側的兩點分別距離紙片邊緣約30公釐（1¼吋）。用來穿線的孔眼會在這三個點上。

5. 如圖所示，將書帖插入書封用紙裡。

6. 將書冊平放在工作平台上，書脊邊緣對齊工作平台的台緣。從中央摺線處打開書冊，將孔眼型版貼齊摺線放置。用錐子或其他鑽孔用具，在每個孔眼的位置鑽出孔洞。

7. 備妥縫針和亞麻線，需要約60公分（24吋）或長度是書冊高度的2.5到3倍的線段。按照右頁的示意圖，從中央孔眼（B）入針開始縫裝書帖。

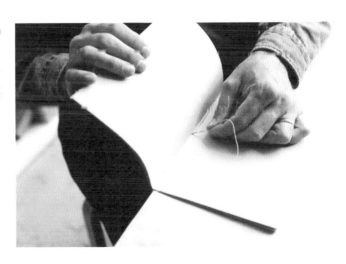

三孔小冊裝幀教學

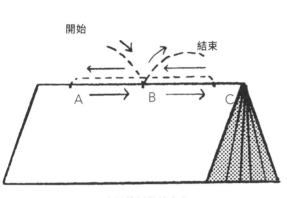

開始

結束

A ➔ B ➔ C

小冊外側縫線走向

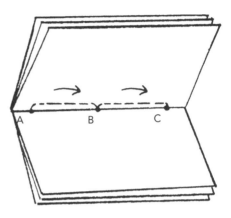

A B C

小冊內側縫線走向

1. 在B孔眼從外向內入針，留一段約3公分（1¼吋）的線尾。

2. 從C孔眼出針。

3. 再從A孔眼入針，然後從B孔眼出針。

4. 將線的兩頭打一個平結，剪去多餘線段。注意線的兩頭要在A到C之間的線段的其中一側，這樣平結才會牢固。

如果從書帖外側開始縫綴，收針打結會在外側，反之亦然。

穿線縫裝好書冊之後，闔起書冊，將一張廢紙鋪在書脊上，用摺紙棒隔著廢紙壓平書脊。依個人喜好決定是否裁切書邊（見第49頁）。

考量到美觀或三孔縫裝的牢固程度，也可以將三孔改成五孔、七孔、九孔或其他奇數孔眼。如下圖所示，從書帖內側開始縫綴，最後收針打結會在內側。

五孔小冊裝幀教學

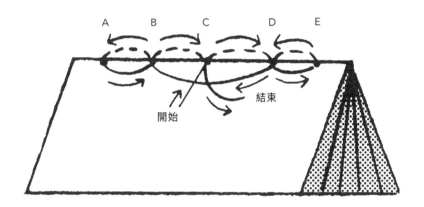

1. 在C孔眼從內向外入針，留一段長度足夠打結的線尾〔約3公分（1¼吋）〕。

2. 將針穿過D孔眼。

3. 將針從E孔眼穿出，再次穿過D孔眼。

4. 從B孔眼出針（跳過C孔眼），然後穿過A孔眼。

5. 再次從B孔眼出針，最後回來穿過C孔眼。

6. 將線的兩頭打一個平結，剪去多餘線段。

雙帖小冊

材料

紙張尺寸見第40頁的說明。

內頁用紙：兩種顏色的Ａ4紙各4張，總
共8張。紙重不可低於80gsm或超過
130gsm，長絲流。一般影印用紙即可，
但必須是長絲流的紙張。

書封用紙：一張彩色紙，或比內頁用紙稍
厚的美術紙。紙重不可低於100gsm或
超過175gsm。尺寸約148×420公釐
（5¾×16½吋）。

廢紙。

亞麻線：粗細為18/3或25/3，長度約45公分
（17¾吋）。

工具

摺紙棒
削皮刀
一般剪刀或大剪刀
自動鉛筆
金屬直尺
錐子
裝幀用縫針
手術刀（筆刀或美工刀）
切割墊
分規

製作教學

小冊

1. 將8張A4紙摺成兩份書帖，顏色相同的4張為一帖（見第52頁）。

由於採用比較小張的長絲流紙張，每張可摺疊成A6 大小的8頁或四開書帖（第51頁）。將同顏色的書帖疊合，構成各32頁的兩帖（書帖1和書帖2）。

2. 製作打洞用的孔眼型版：取一張廢紙片，裁切成和書帖等高。在紙片上做三個記號：一點標記在中間（以短邊對短邊的方式對摺找出中間點），左右兩側的兩點分別距離紙片兩端約15公釐（ 吋）（見第67頁）。

3. 將書帖1平放在工作平台上，書脊邊緣對齊工作平台的台緣。從中央摺線處打開書帖，將孔眼型版貼齊內側的摺線放置。用錐子或其他鑽孔用具，在每個孔眼的位置鑽出孔洞。用同樣的方式為書帖2鑽孔（見第68頁）。

4. 如圖所示，在工作平台上立起兩份書帖，書根朝下，兩帖的書脊相碰，從上向下看呈X形。

雙帖小冊裝幀教學

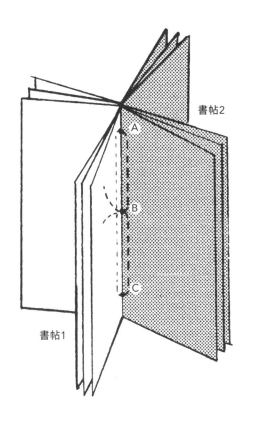

書帖2

書帖1

1. 備妥縫針和亞麻線，需要約45公分（17¾吋）長的線段。按照左方示意圖將兩份書帖縫綴在一起。

2. 從書帖1內側的B孔眼入針，從書帖2的B孔眼出針，留一段約3公分（1¼吋）的線尾。按照**「三孔小冊」**（第69頁）的裝幀步驟縫綴書帖，注意縫綴每個孔眼時都要從一帖縫到另一帖。最後收針打結的位置會在書帖1的內側。

3. 將線的兩頭打一個平結，剪去多餘線段。注意線的兩頭要在A到C之間的線段的其中一側，這樣平結才會牢固。

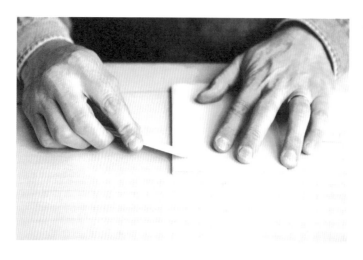

4. 將書帖縫綴好之後，闔起書冊，讓書帖1和書帖2相疊，用摺紙棒壓平書脊。依個人喜好決定是否裁切書邊（見第49頁）。

書封（書衣）

1. 將書封用紙裁成和書帖同高，寬度大約是書帖寬度的4倍。

2. 以短邊對齊短邊的方式對摺。用摺紙棒壓出明顯的摺線後，再度打開平放。

3. 用分規量測書帖的書脊寬度（見第55頁），移動分規，抵在步驟2的對摺摺線上，於摺線的書頭和書根處標出和書脊寬度等長的線段。

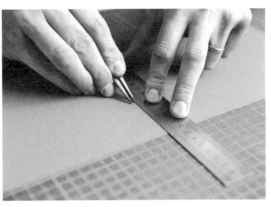

4. 將金屬直尺沿步驟3標出的兩個記號放置。如圖所示，用分規從書封用紙的書頭到書根劃出兩道新的摺線。

5. 將金屬直尺對齊摺線放置，分別沿這兩道摺線將書封用紙摺出書脊部分。

6. 將書芯插入摺好的書封，脊部互相對齊，書封脊部應該剛好能容納書芯脊部。

7. 施力按住書芯固定，翻開書封。用摺紙棒在前書口的上下兩端（書頭和書根的位置）分別標記。

8. 移開書芯。用金屬直尺和摺紙棒在兩個記號之間劃出摺線。

9. 用直尺抵住摺起（摺起處稱為書封的摺耳，又稱摺口，flap）。再將摺耳部分裁去約5公釐（¼吋），讓摺耳在書冊內側接近書脊處的一側與書脊之間留有5公釐（¼吋）的間距。

10. 將書冊翻面，重複步驟7至步驟9即可完成。

背對背裝幀小冊

材料

紙張尺寸見第40頁的說明。

內頁用紙：8張A4紙。紙重不可低於80gsm或
　　超過130gsm，長絲流。一般影印用紙即
　　可，但必須是長絲流的紙張。

書封用紙：一張彩色或有圖紋的卡紙。紙重
　　不可低於150gsm或超過300gsm。尺寸
　　約148×315公釐（5¾×12½吋）。

廢紙。

亞麻線：粗細為18/3或25/3，長度約30公分
　　（12吋）。

工具

摺紙棒
削皮刀
一般剪刀或大剪刀
手術刀（筆刀或美工刀）
切割墊
金屬直尺
自動鉛筆
裝幀用縫針

製作教學

1. 將8張A4紙摺成兩帖書帖（見第52頁）。

由於採用比較小張的長絲流紙張，每張可摺疊成A6 大小的8頁或四開書帖（第51頁）。將四份8頁書帖疊合，構成兩份各32頁的書帖（書帖1和書帖2）。

2. 將製作書封用的卡紙裁成和書帖同高，寬度大約是書帖寬度的3倍。尺寸應為約148×315公釐（5¾×12½吋）

3. 將書封用紙放在切割墊上，長邊完全對齊網格。將書帖1放在書封上，前書口的邊緣和書封的短邊完全對齊，並於兩者之間留下5公釐（¼吋）的間距。金屬直尺放在書封上，貼齊書帖的書脊。

4. 移開書帖，但不要動到直尺。用摺紙棒沿直尺在卡紙上劃出摺痕（即書帖書脊的位置），沿摺痕壓出摺線（摺線1）。

5. 將書帖放回書封上，如圖所示，書脊貼齊摺線1。

6. 將金屬直尺放在書封上，如圖所示，貼齊書帖的前書口。

7. 移開書帖，但不要動到直尺。用摺紙棒沿直尺在卡紙上劃出摺痕（即書帖前書口的位置），將卡紙翻至背面沿摺痕壓出摺線（摺線2，其對摺方向會與摺線1相反，一個為山摺線，另一個為谷摺線）。

8. 這時候書封應該會呈現Z字形（兩條摺線，一個為山摺線，另一個為谷摺線）。

9. 製作打洞用的孔眼型版：參照第67頁的步驟。型版上需要標出三點：一點在中間（以短邊對短邊的方式對摺找出中間點），左右兩側的兩點分別距離紙片兩端約15公釐（⅔吋）。

10. 將書帖1貼齊摺線1放入書封中。參照第68、69頁「三孔小冊」的圖示，將書帖和書封縫綴在一起。

11. 縫綴時如果是從書帖外側入針，收針打結就會在外側，反之亦然（圖中所示是在內側收針打結）。

12. 將書帖2貼齊摺線2放入書封中，重複同樣做法縫綴書帖和書封。

13. 分別縫綴好書帖之後，就會有兩個書脊和兩個前書口。將書封多出來的部分裁切修整，讓兩本書帖的前書口和書脊相疊時完全對齊。

摺葉本
Concertinas

摺葉本（concertina）也稱拉頁書、手風琴書（Accordion book）或雷普瑞洛書 *03*（Leporello book），不需用到針線，書冊結構最為簡單。只要將長條紙片反覆摺疊，就能製作出一本風格優雅、具有立體雕塑感的手工書。

摺製摺葉本的書葉看起來稀鬆平常，但每次摺疊都要細心謹慎，而且務必留意步驟先後。只要有一次摺疊沒有完全對齊，最後整本書的結構可能都會歪移。

利用免裝幀的獨立式結構，可以達到意想不到的趣味效果。在維多利亞時期的英國，這種摺葉本是很流行的紀念品，全部拉開即可展現一個地方的印刷或手繪全景。摺葉本如果是用較厚重的紙張製作，打開時可以讓書根朝下站立，就能充分展示內容和書冊本身，是這種書冊的獨到之處。

03 譯註：雷普瑞洛書的名稱來由，可能與莫札特歌劇《唐喬瓦尼》（Don Giovanni）中僕人雷普瑞洛記錄風流韻事不斷的主人唐喬瓦尼所有情人芳名的「花名冊」有關。

圖紋書封
摺葉本

材料

紙張尺寸見第40頁的說明。

內頁用紙：1張素色或彩色的長條紙片，紙
　　　重不可低於150gsm或超過250gsm，短
　　　絲流。尺寸約150×700公釐（6×27½
　　　吋）。

書封用紙：2張彩色紙或裝飾用圖紋紙，紙重
　　　不可低於100gsm或超過175gsm，長絲
　　　流。尺寸約150×200公釐6×8吋）。

灰紙板：2張厚2公釐的灰紙板，長絲流。尺
　　　寸約154×92公釐6×3⅗吋）。

白膠

麵糊。

吸墨紙。

工具

摺紙棒
壓書板／書鎮
自動鉛筆
刷子
金屬三角尺或三角規
一般剪刀或大剪刀
手術刀（筆刀或美工刀）
切割墊

製作教學

摺葉本

1. 將內頁用紙以短邊對短邊的方式對摺，確認短邊完全對齊之後，再用摺紙棒壓出清晰摺線（摺線1）。這個階段中最重要的是精確，如果有一次摺疊時稍微歪掉，之後每一摺都會受到影響。

2. 讓摺線1位在自己的左側。依照右頁的圖示，繼續摺出摺葉本的手風琴式書葉。將紙片最上面一段對摺（摺線2），會形成第一道山摺線（見下圖）。這時候，摺線2的位置應該是一道山摺線，摺線1的位置應該是一道谷摺線。

3. 將摺線2處反摺，變成一道谷摺線。

4. 將紙片最上面一段對摺，形成摺線3。這時候紙片應該開始呈現之字形。

5. 將摺線2到摺線1之間這段對摺，形成摺線4。

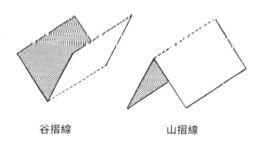

谷摺線　　　　　　　　　山摺線

摺葉本摺疊教學

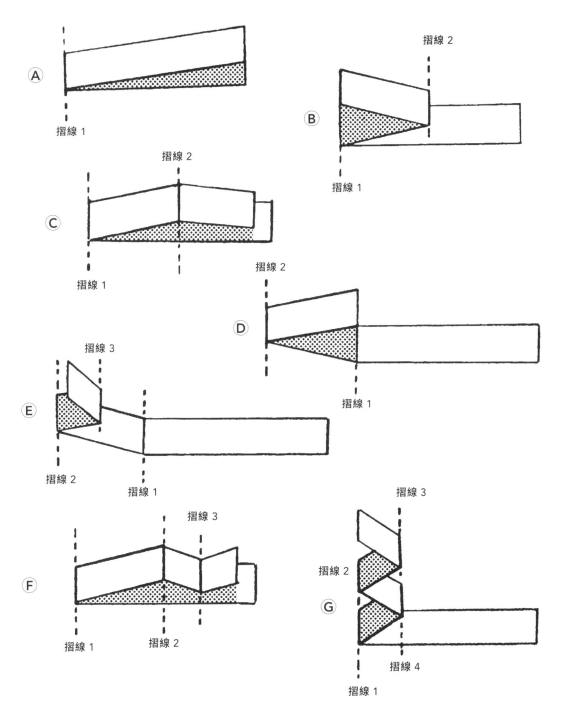

6. 從紙片最上面一段輕輕向下壓平，壓出輕微摺痕之後，再在摺線上直接壓平。

7. 將紙翻面（使摺好四摺的部分朝下），仍舊讓摺線1位在自己的左側。重複步驟2至6摺疊另一半的紙片。

8. 摺疊好摺葉本的書葉之後，夾入壓書板裡用書鎮壓平，同時可以開始製作書封。

書封

1. 將其中一張書封用紙放在大張廢紙上（如果是用裝飾用圖紋紙，印有圖紋的一面朝下）。取其中一張灰紙板，放在書封用紙中央處。在書封用紙上，用鉛筆輕輕描出灰紙板的輪廓，然後將灰紙板放到一旁。取第二張灰紙板，用同樣方法在第二張書封用紙上描出輪廓。

2. 用刷子沾取白膠，在書封用紙上以點沾方式，於灰紙板輪廓線的範圍內上膠。

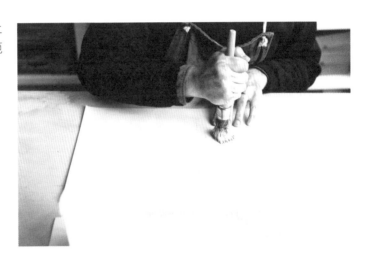

3. 快速地將灰紙板黏在書封用紙上，用摺紙棒用力向下壓平。書封用紙的正面保持朝下。

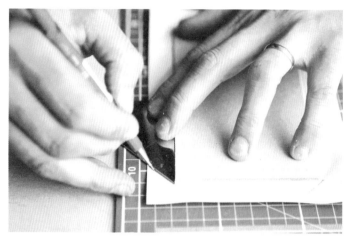

4. 如圖所示,將金屬三角尺或三角
規貼齊灰紙板邊緣放置。用鉛筆沿
三角尺畫線,在鉛筆線和灰紙板角
落之間,留一個45度角和約3公釐
(⅛ 吋)的間距(如下圖所示)。在
兩張已貼上灰紙板的書封用紙的
四角,都用同樣方法畫線。

5. 用剪刀或手術刀,沿鉛筆線裁剪
紙張四角。

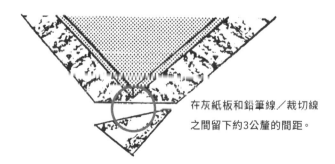

在灰紙板和鉛筆線╱裁切線
之間留下約3公釐的間距。

預留的間距大小大約是灰紙板厚度的 1.5 倍。

6. 在工作平台上放一張乾淨的廢紙。
用刷子在包邊1（turn-in 1）刷上白
膠。

包邊 3

包邊 1

包邊 2

包邊 4

7. 將書封貼齊工作台台緣放置，用摺紙棒將包邊1的部分沿著灰紙板邊緣向內摺。為了避免留下刮痕，在書封用紙上墊一張廢紙，隔著廢紙用摺紙棒壓出摺線。

8. 用同樣方法摺疊包邊2。注意每次重複相同步驟時，都要換一張乾淨的廢紙。

9. 如下圖所示，將包邊1和包邊2黏貼在灰紙板上後，用摺紙棒的尖端將書封用紙重疊的部分向內壓摺。

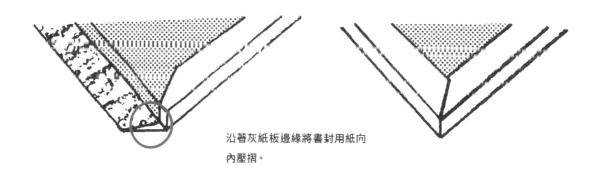

沿著灰紙板邊緣將書封用紙向內壓摺。

10. 在包邊3上塗白膠，小心不要讓白膠外溢沾到包邊1和包邊2。將書封用紙摺起貼覆灰紙板。用同樣方法貼上包邊4。如第96頁的示意圖，書封用紙的角落重疊處應該處理地整齊俐落。

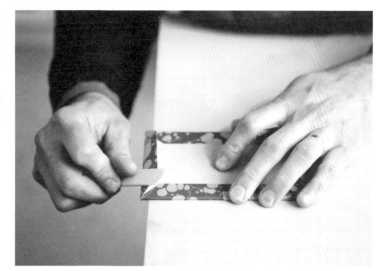

11. 所有包邊都貼好之後，再次用摺紙棒將包邊和邊緣都壓平，讓白膠均勻分布。

12. 將書封硬板夾入壓書板裡，用書鎮重壓至少20分鐘。

13. 重覆步驟5至10，將第二張灰紙板和書封用紙貼合製成書封硬板。

黏合書冊和書封

1. 將摺葉本放在一張乾淨的廢紙上。將另一張廢紙插入第一摺，再將一張廢紙插入第二摺，也就是除了最上方的頁面，其他部分都用廢紙蓋住。

2. 用刷子將白膠刷在露出的上方頁面。

3. 將其中一片書封硬板放在工作平台上，正面朝下，很快抽出廢紙，小心地將上了膠的上方頁面貼覆在書封硬板上，注意頁面貼上時要置中。用摺紙棒壓平，讓白膠均勻分布。

4. 重複步驟1，將第二片書封硬板和摺葉本書葉的另一頭黏合。

5. 準備一張比書冊略大的吸墨紙，分別插入封面和書冊及封底和書冊之間。將整本書夾入壓書板裡，用書鎮壓平晾乾（最好壓平放置整晚）。

摺葉本有很多簡單的變化形式，可以嘗試不同的大小和材料，例如用書布代替裝飾用圖紋紙，或是運用加貼長形紙片的方式加頁，製作步驟完全相同。

線裝本
Stab binding

在書店或圖書館看到的大多數書籍都採用縫線裝訂，只是精巧的縫線全都隱藏在外層的書皮或書殼之內。線裝本（stab binding）的縫線則非常顯眼，是這類裝幀作品特有的重要裝飾元素。

線裝本也常稱為日式線裝本，這種裝訂風格和衍生的變化形式在東亞已經流傳數百年之久。本書中與線裝本有關的介紹，主要採用日式線裝本的技法和用語。

線裝本的名稱由來，在於縫綴的孔眼不是鑽穿在書脊摺起的部分，而是用錐子一口氣將整份書帖「戳刺」（stab）過去，做出孔洞，還有縫線會繞覆於整個書脊。趁著製作線裝本的機會，可以選用彩色的亞麻線或絲線，讓縫線和書封形成鮮明搶眼的對比。

四孔線裝
（日式四目綴）

材料

紙張尺寸見第40頁的說明。

內頁用紙：20張輕薄的紙張，紙重不可低於
　　60gsm或超過80gsm，短絲流。尺寸約
　　140×420公釐（5½×16½吋）——約5張
　　A2紙，每張裁成4等分。

書封用紙：2張製作封面和封底的紙，尺
　　寸和內頁用紙一樣是140×420公釐
　　（5½×16½吋）——約等同一張A3紙
　　縱向裁成兩半。選用彩色紙或裝飾用
　　圖紋紙，紙重不可低於80gsm或超過
　　120gsm。

廢紙。

亞麻線（粗細為25/3），或強韌線線　長度
　　約100公分（39吋）。

工具

鞋匠用削皮刀
切割墊
手術刀（筆刀或美工刀）
摺紙棒
壓書板／書鎮
2個山形夾或長尾夾
自動鉛筆
金屬直尺
分規
錐子
木槌或橡膠鎚（非必要）
裝幀用縫針
一般剪刀或大剪刀

製作教學

1. 準備20張輕薄的短絲流內頁用紙，尺寸約140×420公釐（5½×16½吋）——可將5張A2紙各裁成4等分。將紙張以短邊對短邊的方式對摺。

2. 將20張紙疊在一起，摺線處對齊。用摺紙棒再次壓平摺線。依個人習慣，可將整疊紙張夾入壓書板，用書鎮壓平放置數分鐘，此時可先製作書封。

3. 準備製作封面和封底的紙張。應選用短絲流、尺寸和內頁用紙同樣是140×420公釐（5½×16½吋）的紙張。將兩張書封用紙以短邊對短邊的方式對摺。

4. 將內頁用紙夾入封面和封底之間，摺線處完全對齊，組合成書冊。採用這種裝幀方式時，書頁對摺處是前書口。

5. 在平坦的平面上，分別將書冊的前書口和書根朝下輕敲，確認兩邊都完全平整。整疊拿穩不要放開，於前書口處墊上廢紙，再用兩個長尾夾或山形夾小心地夾起，牢牢固定住整疊書冊（墊一張廢紙可以避免夾子在紙張上留下痕跡）。

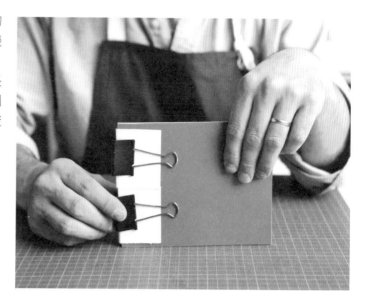

6. 製作打洞用的「孔眼型版」：準備和書冊等高的紙片，確認紙片上下兩邊和書冊完全對齊。如圖所示，用鉛筆、金屬直尺和分規標出「縫綴孔眼」。

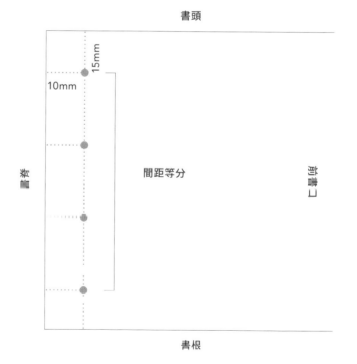

書頭

15mm

10mm

書脊

間距等分

前書口

書根

7. 如圖所示,將孔眼型版對齊書脊放置。用錐子對準型版輕輕向下刺穿,於書冊上標出孔眼位置。移開型版。

8. 用一手按住切割墊上的書冊,從標出的第一個孔眼位置開始,用錐子在整疊書冊穿刺出孔洞。這裡需要巧妙地用點力,站著會最好施力。如果沒辦法順利穿洞,可能需要木槌或橡膠槌輔助——用槌子輕敲讓錐尖刺穿書冊。

9. 確認錐子在書冊都刺出縫針能順利穿過的孔眼。注意刺孔眼時不能讓書冊中的書頁偏移,否則刺出的孔眼會無法對齊。重複步驟8,將四個孔眼位置都刺出孔洞。

10. 將裝幀用縫針穿上亞麻線或絲線。縫線的長度應該是書冊高度的4.5倍（約70公分／27½吋）。在縫線的一端打結，留下約5公釐（¼吋）的線尾。

11. 將書冊放在工作平台上，書脊突出平台邊緣，呈懸空狀態（還不要取下前書口的夾子）。

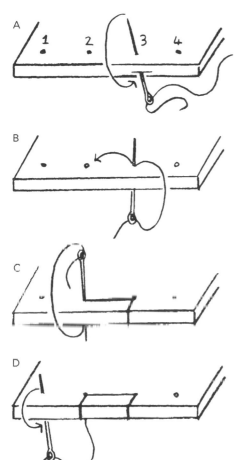

12. 從書脊中央處、孔眼3位置的書頁之間入針，開始縫綴（如圖A），將縫線拉到底，直到打的結卡住、固定於書頁之間。將縫針向下繞覆書脊，再次從孔眼3入針，拉緊縫線（如圖B）。

13. 將針線穿過孔眼2，以同樣方法縫綴，縫到孔眼1（如圖C和D）。注意每次縫綴都要將線拉緊，並保持縫線位置齊整。

14. 縫線於孔眼1確實繞覆書脊後，如圖E所示，將針線繞覆至書脊的書頭／書根處，再次從孔眼1入針。

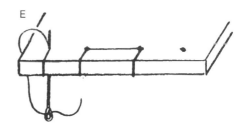

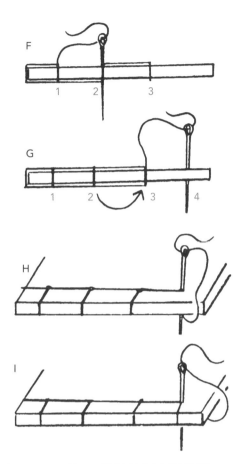

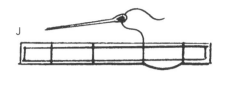

15. 如圖F至H所示，繼續繞覆書脊縫綴，從孔眼1縫到孔眼4。

16. 於孔眼4完成繞覆書脊的書頭／書根處後（如圖I），再往回從最初入針的孔眼3出針（如圖J）。

17. 如圖K所示，在孔眼3的針步上打結，再將針線穿過孔眼3，從書脊部分的書頁之間穿出。修剪線尾並塞入書脊。

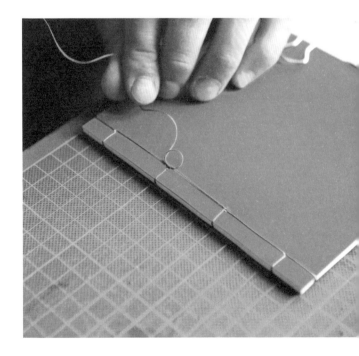

硬皮四孔線裝

材料

紙張尺寸見第40頁的說明。

內頁用紙：20張輕薄的紙張，紙重不可低於
　　60gsm或超過80gsm，短絲流。尺寸約
　　140×420公釐（5½×16½吋）──約需
　　要5張A2紙，每張裁成4等分。

2張加襯封面和封底用的裱襯用紙，尺寸為
　　140×210公釐（5½×8¼吋）──約等同
　　一張A3紙縱向裁成兩半。選用彩色紙或
　　裝飾用圖紋紙，紙重不可低於80gsm或
　　超過120gsm。

2張厚2公釐的灰紙板，每張尺寸150×250公
　　釐（6×10吋），短絲流。

2塊書布，尺寸約250×400公釐（10×15¾
　　吋），短絲流。

亞麻線（粗細為25/3），或強韌的細線。長度
　　約70公分）（27½吋）。

廢紙。

工具

鞋匠用削皮刀
摺紙棒
手術刀
切割墊
山形夾或長尾夾
自動鉛筆
金屬直尺
分規
錐子
木槌或橡膠鎚（非必要）
一般剪刀或大剪刀
金屬三角尺或三角規
木工角尺或機工角尺
刷子（刷漿糊或白膠用）
裝幀用縫針
書脊槌

製作教學

製作書芯

1. 依照「**四孔線裝**」的教學步驟1和2（第106-107頁）準備內頁用紙。

2. 將內頁用紙的摺線處完全對齊，組合成書芯。同樣比照「**四孔線裝**」，書頁摺起的那側是前書口。

3. 在平坦的平面上,分別將書芯的前書口和書根朝下輕敲,確認兩邊都完全平整。整疊拿穩不要放開,用長尾夾或山形夾,小心地夾住前書口上墊的廢紙固定書芯(墊一張廢紙可以避免夾子在紙張上留下痕跡)。

4. 依照**「四孔線裝」**的教學步驟6（第108頁）製作打洞用的孔眼型版。

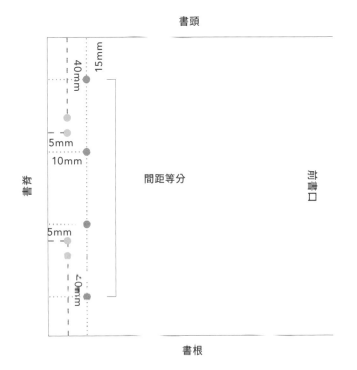

書頭

15mm

40mm

5mm

10mm

書脊

間距等分

前書口

5mm

40mm

書根

5. 如圖所示，在製作好的孔眼型版上，離書脊邊緣約5公釐（¼吋）、分別離書頭和書根約40公釐（1½吋）的位置（紅點處），另外再標出兩對孔洞，成對的兩孔之間相距5公釐（¼吋）。這兩對孔洞是留給「保險縫」（security stitch）的孔眼，也就是在包上書封之前，在書芯上多縫的針步。

6. 將孔眼型版對齊書脊放置在書芯上。用錐子從型版上輕輕向下刺穿，標出保險縫針步的孔眼位置，移開型版。

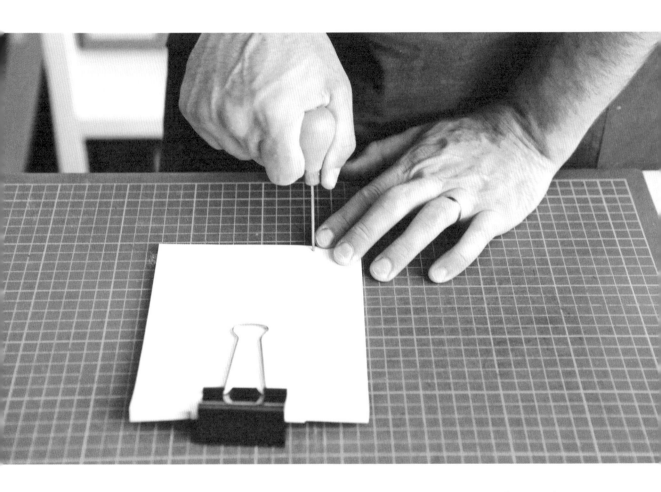

7. 用錐子將整疊書芯穿刺出孔洞（參見第109頁「**四孔線裝**」製
作教學的步驟8）。

8. 取短短的一段亞麻線（長度不超過一個手掌寬），縫穿第一對保險縫孔眼，讓縫線的頭尾兩端都留在書芯的同一側，打兩次結綁緊。在另一對保險縫孔眼重複同樣步驟。剪去多餘線段，只留下約3公釐（⅛吋）的線尾。這兩個保險縫針步可以將整疊書芯牢牢固定住。

9. 將書芯放在堅實的平面上。用書脊槌槌頭平整的那端，將保險縫針步捶平至埋入書芯。取下長尾夾。

10. 現在再將同樣的孔眼型版放在書芯上，標出四個孔眼位置並刺出孔洞。

製作書封

1. 測量書芯的寬度和高度，應為140×210公釐（5½×8¼吋）。

2. 計算封面和封底所需尺寸：

> 書封的高度──應等於書芯的高度向上加2公釐（書頭飄口的高度），並向下加2公釐（書根飄口的高度）。「飄口」是書封超出書芯的邊緣部分。

> 書封的寬度──應等於書芯的寬度減4公釐（減去的寬度是書脊的書溝部分）。

3. 根據計算所得的尺寸，用手術刀和金屬直尺裁切出2塊灰紙板，做為「書封硬板」。注意絲流方向要和書脊平行，並用木工／機工角尺測量確認裁切出的灰紙板四角皆為直角。

4. 測量並裁切「書脊硬板」：從2塊書封硬板的短邊，分別測量和裁切出寬15公釐（⅔吋）的長條紙片。這2塊長條紙片即為「書脊硬板」，與書封硬板的間隙會形成方便開闔翻閱的「書溝」。現在應該有2片書封硬板和2片書脊硬板。

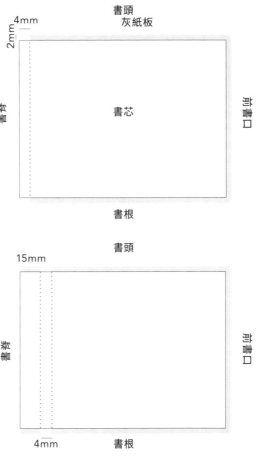

包覆灰紙板

1. 將一塊書布放在工作平台上,正面朝下。用鉛筆和金屬直尺,在底部的長邊向上約30公釐(1¼吋)處畫一條橫線。再用金屬三角尺或三角規對齊切割墊上的網格當輔助,在左側短邊向內約30公釐(1¼吋)處畫一條直線。兩條線應形成90度直角。

2. 將一塊製作書封的硬板放在書布上,前書口和書頭位置對齊步驟1畫出的兩條線。用鉛筆輕輕描出輪廓線,然後移開硬板。

3. 用刷子將白膠刷在輪廓線內的區域,再將硬板輕輕黏在書布上,用摺紙棒壓整一遍。

4. 將兩塊厚2公釐的灰紙板立起,貼齊步驟3的硬板右緣放置,測量並標出書溝間隙的寬度(即4公釐)。

5. 將其中一塊書脊硬板貼齊書溝的間隙線(保留4公釐的間距),並對齊書封硬板放置,用鉛筆輕輕描出輪廓線。描好後移開書脊硬板。

6. 用刷子將白膠刷在輪廓線內的區域,再將書脊硬板輕輕黏在書布上——將金屬直尺沿書封硬板底端貼齊放置,確保硬板的位置對齊。黏好後用摺紙棒壓整一遍。

7. 剪裁書布，書頭、書根和前書口
分別留下約20公釐（¾吋），書脊
處留下約30公釐（1¼吋）。前書口
的角落處剪裁成45度角（見第94
頁），書脊的角落處則照右圖所示
剪裁。

8. 依照「圖紋書封摺葉本」的步驟
（第95-97頁）黏貼包邊，順序是
先黏書頭，再黏書根、前書口，最
後黏書脊。

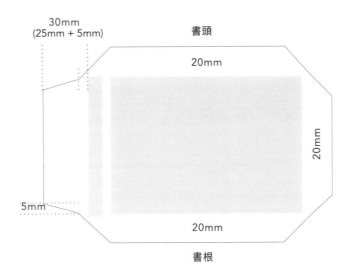

30mm
(25mm + 5mm)

書頭

20mm

20mm

5mm

20mm

書根

9. 黏好所有包邊以後，將書封正面朝上放在工作平面，上面放一張乾淨的廢紙。用摺紙棒尖端壓抵一遍書溝間隙，在書布上壓出一道凹痕。反面也同樣壓出凹痕。

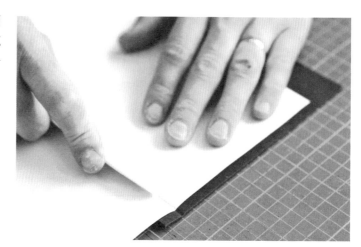

裱襯書封

1. 計算裱襯用紙所需尺寸，高度和寬度皆應至少比書封的高度與寬度少4公釐（才能留出邊框）。計算好尺寸後加以裁切。

2. 在裱襯用紙上刷白膠，小心地將裱襯用紙在書封硬板上置中黏貼，於書頭、書根和前書口的位置各留下等長的間距（即2公釐的間距）。用摺紙棒壓整一遍，夾入壓書板中用書鎮壓平待乾。用同樣方法處理另一塊書封硬板。

鑽穿縫綴孔眼

1. 等兩塊書封硬板乾燥後，標記並穿出縫綴孔眼。首先取一塊做為封面硬板，放在切割墊上，正面朝上。將第116頁的孔眼型版對齊書脊居中放置（在書頭和書根之間），用錐子在書封硬板上標出孔眼位置。

2. 將另一塊做為封底硬板，放在切割墊上，正面朝下，依照步驟1的方法標出孔眼位置。

3. 將封面硬板放回切割墊，正面朝上，在書脊下方墊一塊不要的灰紙板。用錐子和槌子鑽穿出縫綴孔眼。

4. 將封底硬板放回切割墊，正面朝下，依照步驟3的方法鑽穿出縫綴孔眼。

縫綴

1. 將封面硬板、書芯和封底硬板依序疊好對齊。在工作平面上將書脊朝下輕敲,確認完全平整。開始縫綴前,先確認縫針可以順利穿過每個孔眼。

2. 如圖所示,將整疊書冊放在工作平面上,書脊突出平台邊緣懸空,放置重物壓住書冊。

3. 將裝幀用縫針穿上亞麻線或絲線。縫線的長度應該是書冊高度的4.5倍(約70公分／27½吋)。在縫線的一端打結,留下約5公釐(¼吋)的線尾。

4. 從孔眼3位置的下方入針,將縫線拉到底,直到打的結卡住固定。縫針繞覆書脊,再從孔眼3入針(由下往上,如圖A和B),將縫線拉緊。針線穿過孔眼2,照同樣方法縫綴,縫到孔眼1(如圖C和D)。注意每次縫綴都要將線拉緊,並保持縫線位置齊整。

5. 縫線在孔眼1繞覆書脊之後,如圖E所示,繞覆書脊之書頭／書根處後再從孔眼1入針。

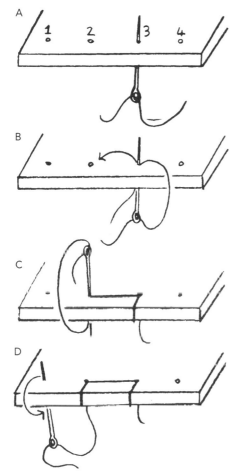

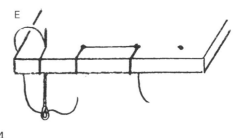

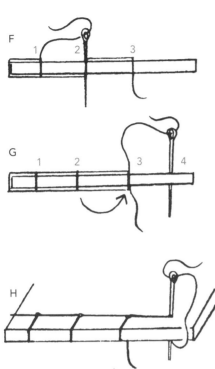

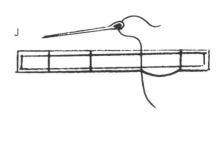

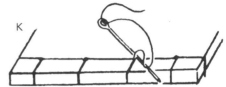

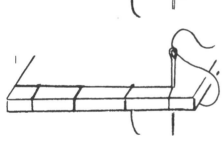

6. 如圖F至H所示，繼續繞覆書脊縫綴，從孔眼1縫到孔眼4。

7. 於孔眼4完成繞覆書脊的書頭／書根處之後（如圖I），再往回從最初入針的孔眼3出針（如圖J）。

8. 如圖K所示，在孔眼3的針步上打結，再將針線穿過孔眼3。如右側照片所示，出針後將縫線拉緊，與步驟3中留下的線尾打一個平結。

薄本硬皮裝幀
Slim case
bindings

「硬皮裝幀」書冊是一般俗稱的「精裝本」，是由包夾在硬皮書封之間的一份或多數書帖（書芯）再加上書脊所組成，硬皮的封面和封底則是用被書布或紙張包覆住的硬板製成。

本單元將介紹製作硬皮裝幀本的步驟，採用和「三孔小冊」（第 64 頁）相同的縫綴技巧，製作起來比多帖硬皮裝幀本更省時。

在構思設計硬皮裝幀本時，建議仔細思考包覆書封用的紙張或布材與環襯用紙的組合。環襯和書封分別是進入書中世界的內外轉場，巧妙結合兩種轉場，可以營造出令人驚豔的視覺效果。

單帖硬皮裝幀

材料

紙張尺寸見第40頁的說明。

內頁用紙：2張A2紙，紙重不可低於80gsm或
　　超過130gsm，短絲流。

廢紙。

亞麻線（粗細為18/3），長度約60公分（24
　　吋）。

環襯用紙：2張製作環襯用的彩色紙或裝飾用
　　圖紋紙，紙重不可低於100gsm或超過
　　130gsm，短絲流。

白膠。

寒冷紗或無毛邊硬棉布，5×18公分（2×7
　　吋）。

灰紙板：厚2公釐的灰紙板，尺寸不小於
　　250×350公釐（10×13¾吋），短絲
　　流。

書布：尺寸約350×450公釐（13¾×17¾
　　吋），短絲流。

吸墨紙與防滲片。

工具

摺紙棒
鞋匠用削皮刀
金屬直尺
自動鉛筆
錐子
裝幀用縫針
切割墊
刷子（刷漿糊或白膠用）
手術刀（筆刀或美工刀）
一般剪刀或大剪刀
金屬三角尺或三角規
壓書板／書鎮

製作教學

製作書帖

1. 製作兩份16頁或八開書帖（見第
51頁），以對齊中央摺線的方式將
一帖插入另一帖，疊在一起構成共
32頁的書帖。

2. 製作打洞用的孔眼型版：依照
「三孔小冊」（第67頁）製作型版
的步驟。

3. 依照「三孔小冊」（第69頁）的
縫綴步驟縫裝書帖，但要從書帖內
側開始縫，最後才會在內側收針打
結。

黏貼環襯

4. 將2張環襯用紙短邊對短邊對
摺。如果選用裝飾用的圖紋紙，對
摺後有圖紋的一面應在內側。

5. 在工作平面上墊一張廢紙。如圖所示，將2張已對摺的環襯放在廢紙上（對摺處朝上方），再用另一張廢紙蓋住環襯，只露出2張環襯的摺線處約5公釐（¼吋）寬的長條部分。

6. 在露出的長條部分刷上白膠。

7. 移開廢紙，將第1張環襯小心地浮貼在書帖的書脊位置，對摺處必須完全對齊。用摺紙棒確實壓整。

8. 將書帖翻面，依照同樣方法浮貼第2張環襯。

9. 在這個階段，可視個人喜好決定是否裁切書邊（見第49頁）。

書脊加襯

1. 如圖所示，將長條硬棉布（寒冷紗或無毛邊硬棉布）的長邊對長邊對摺，並壓出摺痕。

2. 在書帖的書脊邊緣刷上適量白膠，注意不要讓白膠向兩側溢出。

3. 將書帖的書脊邊緣對齊並放入硬棉布的中央摺痕處，用摺紙棒仔細壓整，確定硬棉布和書帖之間沒有留下空隙。

裁切灰紙板和測量書脊間隙

1. 測量書芯的寬度和高度，應為大約148×210公釐。

2. 計算封面和封底所需尺寸：

　　書封的高度——應等於書芯的高度向上加3公釐（書頭飄口的高度），再向下加3公釐（書根飄口的高度）。

　　書封的寬度——應等於書芯的寬度加3公釐（前書口飄口的寬度），再減6公釐（減去的寬度是書脊的書溝部分）。

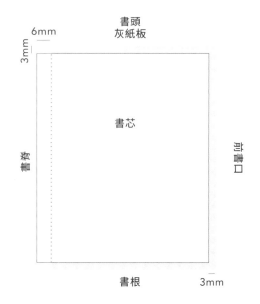

3. 根據計算所得的尺寸，用手術刀和金屬直尺裁切出2塊灰紙板，做為「書封硬板」。注意絲流方向要和書脊平行，並用木工／機工角尺確認裁切出的灰紙板四角皆為直角。

4. 將第1塊灰紙板放在工作平面上，取書帖置中疊放於灰紙板上（如圖，上下所留下的間距應相同）。這時站著從書帖正上方檢查，會更為精準。

5. 小心地將第2塊灰紙板疊放在書帖上，注意不要移動到下方的書帖和灰紙板。確認上下兩塊灰紙板完全對齊。

6. 小心地拿起疊好的灰紙板和書帖——用力拿穩整疊，這個階段最重要的是灰紙板和書帖絕不能移位。如圖所示，用一塊長條廢紙片在距書頭約25公釐（1吋）的位置包覆書脊。

7. 在整疊書冊前後，分別用鉛筆在廢紙片上標出灰紙板邊緣的位置（如圖所示）。

8. 繼續拿穩整疊書冊，在距書根約25公釐（1吋）的位置重複步驟6和7。

9. 取下廢紙片後展開，上面應該有成對的標記。比較成對的標記之間的距離，間距應該相等。如果有一組標記的間距比較大，在接下來的步驟應採用這個較大的間距。

10. 用分規量取兩個記號之間的距離，將這個間距再加1公釐，做為書脊間隙的寬度。

包覆灰紙板

1. 將一塊書布放在工作平台上，正面朝下。用鉛筆和金屬直尺，在底部的長邊向上約30公釐（1¼吋）處畫一條橫線。再用金屬三角尺或三角規對齊切割墊上的網格當輔助，在左側短邊向內約30公釐（1¼吋）處畫一條直線。兩條線應形成90度直角。

2. 取一塊灰紙板做為「封面硬板」放在書布上，前書口和書頭位置對齊步驟1畫出的兩條線。用鉛筆輕輕描出輪廓線，然後移開硬板。

3. 用刷了將白膠刷在輪廓線內的區域，再將封面硬板輕輕黏在書布上，用摺紙棒壓整一遍。

4. 將金屬直尺貼齊書封硬板的書頭放置，沿著直尺在書布上畫一條橫線（因為前一條可能會偏移）。

5. 用尺規移量步驟10（第136頁）的尺寸，標出書脊間隙的寬度。

6. 在書根部分重複步驟4和5，標出書脊間隙的寬度。

7. 將金屬直尺貼齊已黏好的封面硬板的書根放置。依據封面硬板和書脊間隙寬度標記，取另一塊灰紙板做為「封底硬板」放在書布上。用同樣方法畫出輪廓線後上膠黏貼（步驟2和3）。

8. 裁切書布，每邊留下約20公釐（¾吋）。四角剪裁成45度角（見第94頁）。

包邊 1

包邊 4

包邊 3

包邊 2

9. 依照第95-97頁的步驟黏貼包邊，順序是先黏書頭，再黏書根、前書口，最後黏書脊。

10. 黏好書頭和書根的包邊以後，記得先用摺紙棒尖端壓整一遍書脊間隙。

11. 黏好所有包邊以後，上面墊一張廢紙，用摺紙棒尖端壓實，確認沒有留下氣泡或間隙。

12. 如果出現尖角，用摺紙棒輕輕敲至圓鈍。

13. 夾入壓書板裡，用書鎮壓平放置至少20分鐘。

包上書封（上書殼）

1. 將書芯夾入書封，確認書頭、書根和前書口的方角完全對齊。

2. 這時可視個人喜好，決定是否要將前後環襯靠外側那頁的前書口處裁去約1公釐。由於下個步驟將環襯上膠與書封黏合時，會稍微將環襯「拉伸」（stretch），裁去的部分剛好可以相抵。

3. 在前環襯的兩頁之間墊一張廢紙。接下來要盡量細心敏捷地進行：在環襯上刷白膠（分別在長條硬棉布下方和上方上膠），不要翻起環襯，很快抽走廢紙。環襯會開始捲起。

進行這個步驟前，建議先不沾白膠，只用刷子試塗，熟悉一下手感。

4. 如圖所示，穩穩扶住書芯和書封，一手用拇指和食指按住前書口（避免書芯移位），將封面蓋在環襯上。確認每邊的位置都保持對齊，將封面用力向下壓。

5. 將書冊翻面放置，微微翻開書封（注意不要翻太開，以免損壞環襯），用牛骨或鐵氟龍材質的摺紙棒壓整環襯。

6. 重複步驟4和5黏貼封底。

7. 在書封和書脊之間的書溝位置上墊一張廢紙，用摺紙棒從上向下壓抵出溝槽。

8. 將吸墨紙和防滲片分別插入前後環襯之間。吸墨紙應放在靠近書殼／書封的一側，防滲片應放在靠近書芯的一側。

9. 將書冊夾入壓書板之間，用書鎮壓平放置整晚。注意：切勿在白膠乾透之前翻開書冊。

雙帖硬皮裝幀

運用「**雙帖小冊**」（第72頁）的製法縫綴雙帖，配合「單帖硬皮裝幀」（第128頁）的製法包上書封。

材料

紙張尺寸見第40頁的說明。

內頁用紙：兩種顏色的A4紙各4張，總共8張。紙重不可低於80gsm或超過120gsm，長絲流。一般影印用紙即可，但必須是長絲流的紙張。

亞麻線，粗細為18/3或25/3，長度約45公分（18吋）。

廢紙。

環襯用紙：2張製作環襯用的A5彩色紙或裝飾用圖紋紙，紙重不可低於90gsm或超過120gsm，短絲流。

白膠。

寬冷紗或無毛邊硬棉布，50×140公釐（2×5½吋）。

灰紙板：厚1.5公釐的灰紙板，尺寸不小於180×250公釐（7×10吋），短絲流。

書布：尺寸約240×300公釐（9¾×12吋），短絲流。

吸墨紙與防滲片。

工具

摺紙棒
鞋匠用削皮刀
金屬直尺
自動鉛筆
錐子
裝幀用縫針
切割墊
白膠
刷子
手術刀（筆刀或美工刀）
一般剪刀或大剪刀
金屬三角尺或三角規
壓書板與書鎮

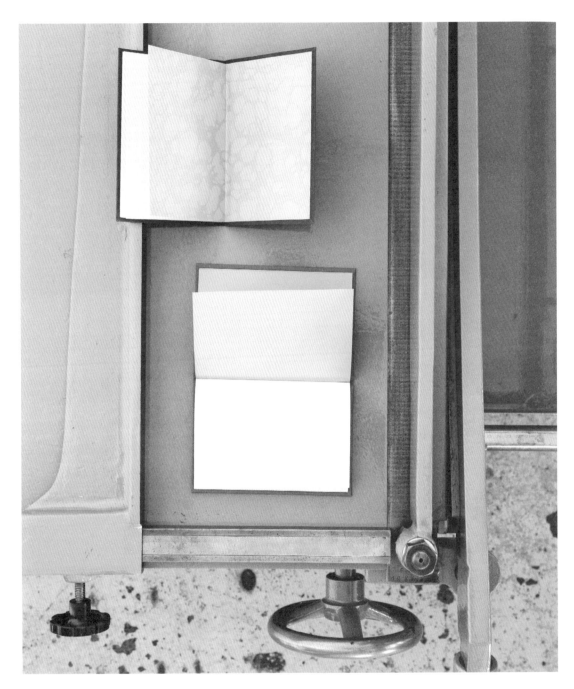

製作教學

製作書帖

準備2份書帖，依照第74至76頁**雙帖小冊**的步驟縫綴在一起。

包上書封

依照第130-143頁**單帖硬皮裝幀**的步驟黏合環襯、書帖和書封。

裸背裝幀
Exposed spine binding

本單元介紹的裝幀方法與日式四孔線裝類似，縫線通常會露在書殼之外，以展現精緻的縫裝工藝。「裸背裝幀」（exposed spine binding）也稱為「無綴繩環結裝幀」（unsupported link stitch），呈現出的視覺效果十分出色，使用彩色亞麻線縫書尤其令人驚豔。這種裝幀本向讀者展露書冊的結構和內部機制，就像讓使用者親眼看到鐘錶的齒輪轉動一樣神奇。

坊間常有將裸背裝幀稱為「科普特裝幀」（coptic binding）的說法，但這樣稱呼並不精確，因為科普特裝幀指的是以特定方法裝幀的書冊結構，應與其他裸背裝幀法有所區隔。

「環結裝幀」（link stitch binding）很適合比較小本，或不需要強力支撐的書冊。如果是比較厚重且大本的書冊，建議採用「法式環結裝幀」（French link stitch）」。用法式環結裝訂縫裝完成的書帖再加上書殼，就屬於「多帖硬皮裝幀」（multi-section case binding），即本書最後一個範例。

環結裝幀

材料

紙張尺寸見第40頁的說明。

彩色A4影印用紙16張（紙重80gsm，長絲流）。

書封用紙：2張彩色紙或裝飾用圖紋紙，尺寸不小於150×250公釐（6×9¾吋），紙重不可低於100gsm或超過175gsm，短絲流。

亞麻線，粗細為18/3或25/3，長度約2公尺（2¼碼）。

廢紙。

工具

切割墊
摺紙棒
手術刀（筆刀或美工刀）
金屬直尺
分規
白動鉛筆
一般剪刀或大剪刀
裝幀用縫針或彎針
壓書板與書鎮

製作教學

1. 取2張A4紙製作出16頁書帖（見第51頁），總共可製作出8份書帖。依照個人偏好，可將所有書帖整齊疊好，夾入壓書板之間用書鎮壓平。

2. 測量並裁切2張書封用紙，裁切成高度相等、寬度等於步驟1製作的書帖寬度的2.5倍（應為大約148×260公釐）。

3. 取其中一張書封用紙，將一份書帖對齊書封用紙的左側邊緣放置，用摺紙棒尖端在書封用紙上標出書帖寬度。移開書帖。依照標出的記號將書封用紙向內摺，確認摺起時上下兩邊皆對齊。

4. 書封用紙保持向內摺起，將一份書帖放回書封用紙上，書帖的前書口與摺起的紙邊之間留下約1公釐的間距。用摺紙棒的尖端，在書帖的書脊落在書封用紙上的位置標出記號。移開書帖，依照標出的記號將書封用紙再向內摺，形成書封摺耳。

5. 打開書封摺耳，插入一份書帖，將書脊對齊步驟4的摺線。

6. 重複步驟3至5製作封底。

7. 組裝書冊，確認第一帖和最後一帖都放在書封摺耳的內側。

8. 依照個人偏好，可在縫綴書帖之前，先將整疊書冊夾入壓書板之間用書鎮壓平。

9. 製作打洞用的孔眼型版：取一張廢紙片，裁切成和書帖等長。依照圖中所示，在當成型版的紙片上標出五個縫綴孔眼。

在型版上距離書頭和書根約15公釐（⅔吋）處分別標出兩點。用分規將兩點之間的距離分成四等分，再標出另外三點。

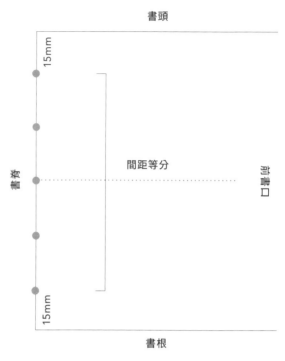

書頭

15mm

間距等分

書脊

前書口

15mm

書根

10. 利用孔眼型版當輔助，在每份書帖上鑽出孔洞（包括第一帖、最後一帖和書封都要鑽穿），鑽孔時要注意順序和方向（完成後書冊的書頭和書根才能保持切齊）。依照第68頁的步驟鑽出縫綴川的孔洞。

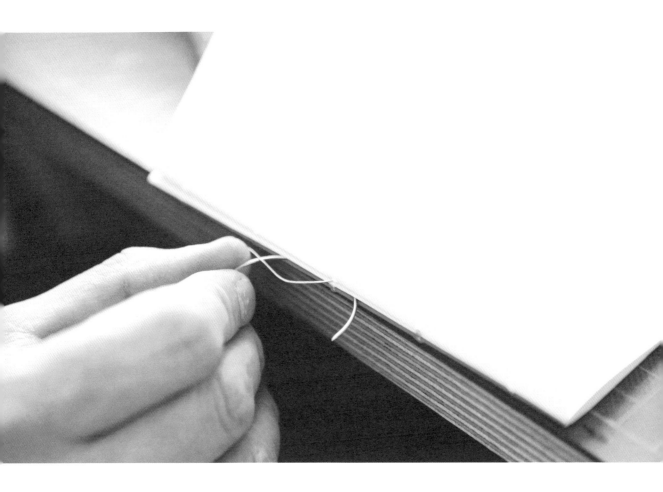

縫綴

1. 將縫針穿上亞麻線，縫線的長度約一隻手臂
長（1公尺／1碼），如有需要可先將縫線過蠟。
將書帖1（含書封）和書帖2放在工作平台，書脊
貼齊平台邊緣。開始縫綴時，注意將線拉緊的
力道要保持一致，另外書帖的順序方向保持不
變，書葉也要保持對齊。在縫綴的過程中，盡量
不要拿起書冊。

2. 從書帖1內側的孔眼2入針，將縫線拉到只留下約6公分（2½吋）的線尾。針線穿到書帖1的外側之後，再從書帖2的孔眼2外側入針，從書帖2的孔眼3內側穿出，再自書帖1的孔眼3外側入針，如此繼續直到縫線從自書帖1的孔眼5外側入針（如圖A）。

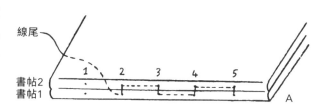

3.再從書帖1的孔眼4內側出針，縫線經過書帖外側，穿入書帖2的孔眼4，如此繼續直到縫回書帖1內側的孔眼1（如圖B）。

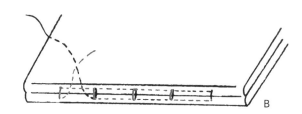

4. 針線從書帖1的孔眼1穿出後，和步驟2留下的6公分（2½吋）線尾打一個平結，注意平線要盡量靠近書帖1的孔眼1（如圖C）。

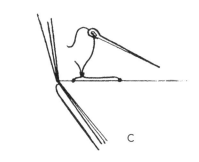

5. 將書帖3疊在書帖2上方。從書帖1的孔眼1內側出針，穿入書帖3的孔眼1（如圖D）。接下來的步驟雖然用一般裝幀用縫針也可完成，但換成彎針會更好操作。

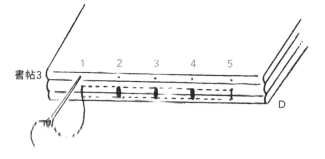

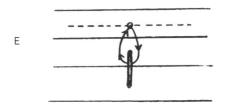

E

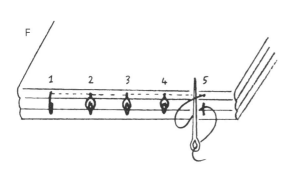

F

6. 從書帖3的孔眼2內側出針，如圖E所示，將縫線穿過下方露出的線圈「鎖住」（link）後，再穿入書帖3剛剛出針的孔眼。

7. 如圖E所示，重複步驟6將書帖3和書帖2縫綴在一起。最後從書帖3的孔眼5出針，用「鎖線打結縫法」（見第57頁）在書帖1和書帖2之間打結，注意鎖線打結時不要打太緊。

8. 將書帖4疊在書帖3上方。從書帖4的孔眼5外側入針，再從書帖4的孔眼4內側出針，穿到書帖外側，繞穿下方露出的線圈「鎖住」之後再穿回孔眼4。在孔眼3和孔眼2重複同樣縫法，從孔眼1出針之後，用鎖線打結縫法在書帖2和書帖3之間打結

9. 重複步驟6至9直到將最後一帖（書帖8）縫綴完成。

10. 完成最後一次鎖線打結之後，針線再次穿入書帖8內側，打一個平結。

11. 縫綴完成之後，用摺紙棒刮整書脊，再用鞋匠用削皮刀將書頭和前書口的摺頁裁開。

法式環結裝幀

材料

紙張尺寸見第40頁的說明。

A2紙8張，紙重不可低於80gsm或超過130gsm，短絲流。

書封用紙：2張彩色紙或裝飾用圖紋紙，尺寸為210×370公釐（8¼×14½吋），紙重不可低於100gsm或超過175gsm，短絲流。

亞麻線，粗細為18/3或25/3，長度約2公尺（2¼碼）。

廢紙。

工具

裝幀用縫針
切割墊
摺紙棒
分規
手術刀（筆刀或美工刀）
金屬直尺
自動鉛筆
一般剪刀或大剪刀
壓書板與書鎮

製作教學

1. 將A2紙製作成8份A5大小的書帖（見第52頁）。

2. 測量並裁切2張書封用紙，裁切成高度與步驟1製作的書帖相等，但寬度為書帖寬度的2.5倍（應為大約210×370公釐／8¼×14½吋）。注意裁出的長紙片應為短絲流。

3. 取其中一張書封用紙，將一份書帖對齊書封用紙的左側邊緣放置，用摺紙棒尖端在書封用紙上標出書帖寬度。移開書帖。依照標出的記號將書封用紙向內摺，確認摺起時上下兩邊所對齊。

4. 書封用紙保持向內摺起，將一份書帖放回書封用紙上，書帖的前書口與摺起的紙邊之間留下約1公釐的間距。用摺紙棒的尖端，在書帖的書脊落在書封用紙上的位置標出記號。

5. 移開書帖，依照標出的記號將書封用紙再向內摺。

6. 打開書封摺耳，插入一份書帖，將書脊對齊步驟5的摺線。

7. 重複步驟3至6製作封底。

8. 組裝書冊，確認第
一帖和最後一帖都放
在書封短邊摺耳的內
側。依照個人偏好，可
在縫綴書帖之前，先
將整疊書冊夾入壓書
板之間用書鎮壓平。

縫綴

1. 製作打洞用的孔眼型版：取一張廢紙片，裁切成和書帖等長。依照圖中所示，在當成型版的紙片上標出八個縫綴孔眼。

在型版上距離書頭和書根約15公釐（⅔ 吋）處分別標出兩點。用分規輔助，在兩點之間再標出三組成對的孔眼。

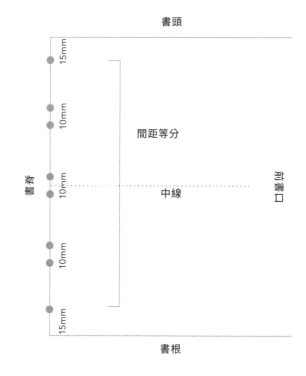

書頭

15mm

10mm

10mm 間距等分

書脊 10mm 中線 前書口

10mm

10mm

15mm

書根

2. 利用孔眼型版當輔助，在每份書帖上鑽出孔洞（包括第一帖、最後一帖和書封都要鑽穿），鑽孔時要注意順序和方向（完成後書冊的書頭和書根才能保持切齊）。依照第68頁的步驟鑽出縫綴用的孔洞。

3. 將縫針穿上25/3的亞麻線，縫線的長度約一隻手臂長（約1公尺／1碼），如有需要可先將縫線過蠟。

4. 將書帖1（含書封，書封正面朝下）放在工作平台，書脊貼齊平台邊緣，將書鎮放在書帖內頁上壓住，以免縫綴時書帖歪移。

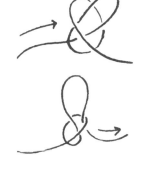

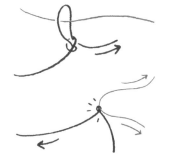

紡織結

縫綴多份書帖時，會需要用紡織結（weaver's knot，也稱接繩結）將不同段縫線接在一起。

1. 新線繞兩個圈。

2. 將第二個圈（B）穿入第一個圈（A），打一個活結（slip knot）。

3. 從線尾將結稍微拉緊。

4. 將另一根線（舊線或想接在一起的線）穿過線圈。

5. 開始縫綴，從書帖內側入針穿過孔眼2，並於書帖內側留下約6公分（2½吋）的線尾（如圖A）。

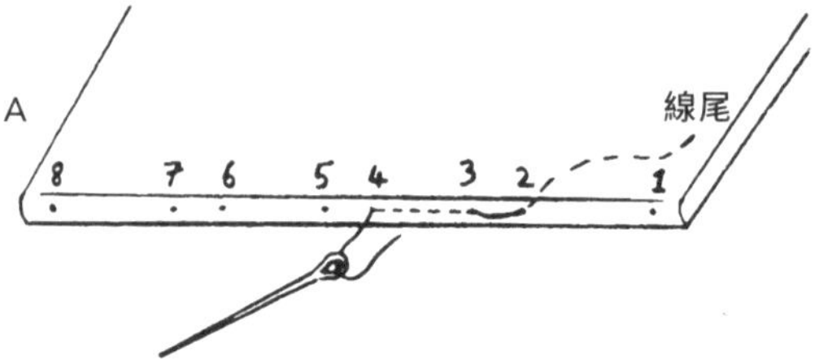

6. 接著，針線從孔眼3入針，再從孔眼4出針，如此繼續縫到孔眼8。針線這時候應該穿到書帖外側。（如圖B）

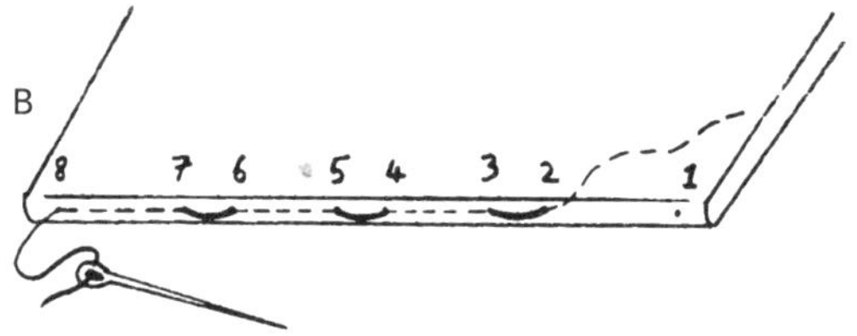

7. 移開書鎮，將書帖2疊在書帖1上方，注意書脊的摺線處要完全對齊。將書鎮移回來壓在書帖2內側。每增加一份書帖都重複同樣步驟。

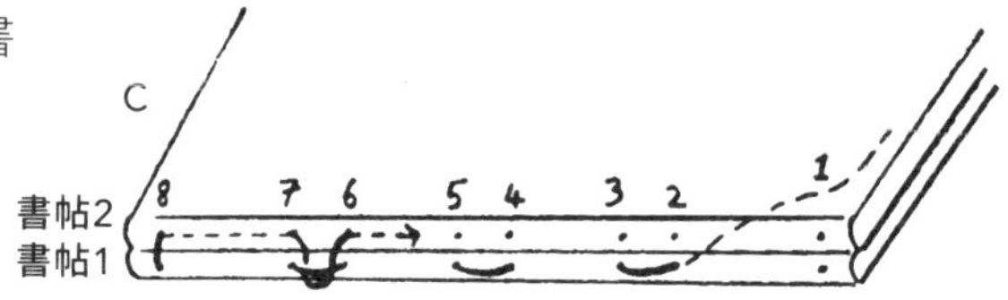

8. 繼續縫綴，如圖C所示，針線穿入書帖2的孔眼8，再從孔眼7穿出。這時候，將針線穿過書帖1的孔眼6和孔眼7之間的針腳，再從書帖2的孔眼6入針，將兩份書帖「縫接」在一起：針線從正下方書帖1的線圈下方穿過，再向上穿進書帖2內側（如圖D）。接下來要注意，穿到每個孔眼時都要記得將書帖縫接在一起。

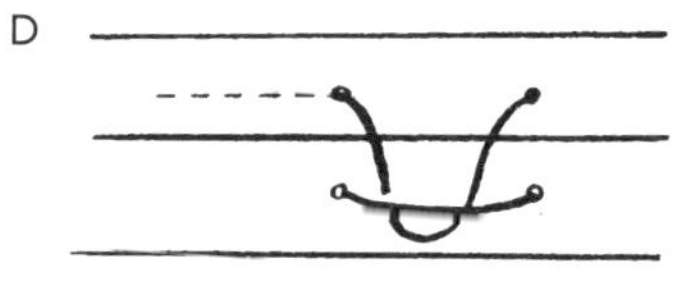

在縫綴過程中，注意每次拉線的力道要一致。拉緊縫線時要注意，施力方向務必保持和書脊平行，有助於避免扯破紙張。

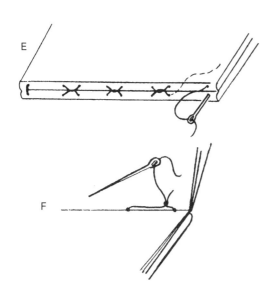

9. 縫到書帖2的孔眼1，確認將縫線拉緊後，將針線從書帖1的孔眼1穿回內側，與步驟1留下的線尾打一個平結（如圖E和F）。

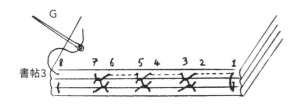

10. 針線從孔眼1穿到書帖1外側。

11. 將書帖3疊在書帖2上方，從書帖3的孔眼1入針。繼續縫綴，從書帖3的孔眼2出針，依照先前的縫法，每次都將針線穿過前一帖的線圈，將兩個書帖「縫接」在一起，直到從孔眼8出針（如圖G）。

書帖3

12. 這時候需要用鎖線打結縫法打結（見圖H、I和第57頁）。

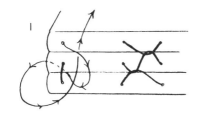

13. 重複同樣的縫法，直到將所有書帖縫接在一起。最後鎖線打結，並將針線穿入書帖8的孔眼1內側，在針腳上打一個平結，剪去多餘線段，只留長1-2公釐的線尾。

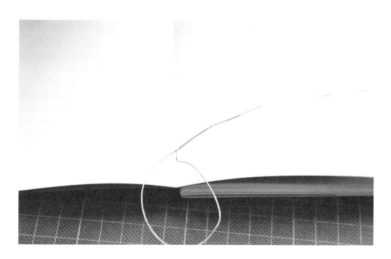

14. 縫綴完成之後，用摺紙棒壓整書帖的書脊處摺線和縫綴孔眼，再用鞋匠用削皮刀將書頭和前書口仍相連的摺頁裁開。

多帖硬皮裝幀
Multi-section
case binding

練習過前面幾個單元介紹的裝幀技巧，再來挑戰多帖硬皮裝幀就會輕鬆多了。最後一個單元以詳盡的步驟，示範經典多帖全布面硬皮裝幀的兩種變化。

　　如本書先前所介紹，硬皮裝幀本包含像包了「書殼」一樣、夾在封面和封底之間的書芯，以及由包覆布面的紙板構成、具有書脊的書封。**多帖硬皮裝幀本**通常包含書冊的構造（第 34-35 頁）中所介紹的各種基本元素，例如書封、書脊、環襯、書頭帶和緞帶。

　　本單元的範例中，除了納入先前未介紹的新技法，也會帶入新的書籍設計元素如環襯和緞帶。仔細考量不同元素的色彩和質地之間的互動，為不同的書冊形式和場合構思出最完美的設計。

方脊硬皮裝幀

材料

紙張尺寸見第40頁的說明。

A2紙8張。紙重不可低於80gsm或超過130gsm，短絲流。

環襯用紙：裝飾用圖紋紙，紙重不可低於100gsm或超過140gsm，短絲流。

灰紙板：厚2公釐的灰紙板，尺寸不小於250×350公釐（9¾×13¾吋），短絲流。另外再準備2張製作時輔助用的灰紙板——高度等於或大於書冊，厚度和絲流方向不拘。

書布：尺寸約350×450公釐（13¾×17¾吋），短絲流。

亞麻線：粗細為25/3，長度約2公尺（2¼碼）。

寒冷紗或無毛邊硬棉布：長寬約210×50公釐（8¼×2吋），長絲流。

牛皮紙：大小與寒冷紗或無毛邊硬棉布相當，長絲流。

吸墨紙2張。

防滲紙片或塑膠片2片。

書頭帶（非必要）：2條寬約2公分（¾吋）的細長布片（依書冊厚度而定）。

緞帶（非必要）：寬3公釐（⅛吋），長為書冊高度的2.5倍（約60公分／24吋）。

白膠。

廢紙。

工具

裝幀用縫針
切割墊
摺紙棒
分規
手術刀（筆刀或美工刀）
金屬三角尺或三角規
刷子
金屬直尺
自動鉛筆
一般剪刀或大剪刀
壓書板與書鎮

右圖：圖中所示為方脊硬皮裝幀本（上）及圓脊硬皮裝幀本（下；製作教學見第182頁）

製作教學

1. 將A2紙製作成8份A5大小的書帖（見第52頁）。

2. 將所有書帖整齊疊好，夾入壓書板之間用書鎮壓平。至少壓平數分鐘，或視個人偏好延長壓平時間。

縫綴

1. 製作打洞用的孔眼型版：取一張廢紙片，裁切成和書帖等長。依照圖中所示，在當成型版的紙片上標出八個縫綴孔眼。

> 在型版上距離書頭和書根約15公釐（⅔吋）處分別標出兩點。用分規輔助，在兩點之間再標出三組成對的孔眼。

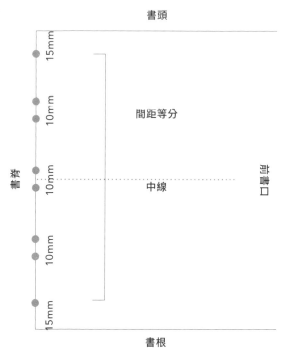

2. 利用孔眼型版當輔助，在每份書帖上鑽出孔洞（包括第一帖、最後一帖和書封都要鑽穿），鑽孔時要注意順序和方向（完成後書冊的書頭和書根才能保持切齊）。依照第68頁的步驟鑽出縫綴用的孔洞。

3. 將縫針穿上25/3的亞麻線，縫線的長度約一隻手臂長（約1公尺以備用）。如有需要可先將縫線過蠟。

4. 將書帖1放在工作平台，書脊貼齊平台邊緣，將書鎮放在書帖內頁上壓住，以免縫綴時書帖歪移。

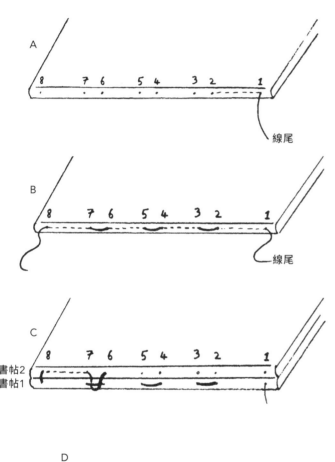

5. 開始縫綴，針線由外側從書帖1的孔眼1向內穿入，並在書帖外側留下約6公分（2½吋）的線尾（如圖A）。

6. 針線穿入書帖內側之後，從孔眼2出針，再從孔眼3入針，如此繼續縫到孔眼8。針線這時候應該穿到書帖外側（如圖B）。

7. 移開書鎮，將書帖2疊在書帖1上方，注意書脊的摺線處要完全對齊。將書鎮移回來壓在書帖2內側。

8. 繼續縫綴，針線由書帖2的孔眼8外側穿入，再從孔眼7穿出。此時，將針線穿過書帖1的孔眼6和孔眼7之間的針腳，再從書帖2的孔眼6入針，將兩份書帖「縫接」在一起：針線從正下方書帖1的線圈下方穿過，再向上穿進書帖2內側。從正下方前一書帖的線圈下方穿過的示意圖如C和特寫D。接下來要注意，穿到每個孔眼時，都要記得將書帖縫接在一起。

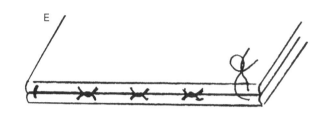

9. 縫到書帖2的孔眼1，確認將縫線拉緊。如圖所示，與步驟5留下的線尾打一個平結，將書帖1和書帖2繫在一起（如圖E）。

10. 將書帖3疊在書帖2上方，從書帖3的孔眼1外側入針。繼續縫綴。從書帖3的孔眼2出針，依照先前的縫法，每次都將針線穿過前一帖的線圈「縫接」兩帖，直到從孔眼8出針（如圖F）。

11. 這時候需要用鎖線打結縫法打結（見圖G、H和第57頁）。

12. 重複同樣的縫法，直到將所有書帖縫接在一起。縫好最後一帖之後，用鎖線打結縫法打兩次結，剪去多餘線段，只留長1至2公釐的線尾。

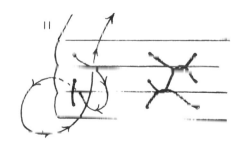

書芯加工

1. 將縫綴好的書芯夾入兩張輔助用灰紙板之間放置，紙板邊緣與書脊處互相對齊（這麼做可以避免溢出的白膠沾到書脊以外的部分）。接著，將書芯和輔助用灰紙板放在工作平台上，書脊突出平台邊緣懸空。

2. 一手施力壓住上方的輔助用灰紙板，或者放上書鎮壓住。用刷子在書脊塗上薄薄一層白膠，注意要讓白膠填滿書帖之間的縫隙——可以用拇指按壓將白膠填入縫隙。清除溢出的白膠。

3. 靜置10到20分鐘等白膠稍微變乾。移開輔助用灰紙板（書芯如沾黏到一些灰紙板留下的紙屑也沒關係）。

4. 依照第130-132頁中「黏貼環襯」的步驟，將兩張環襯分別與書芯的第一頁和最後一頁黏合。

5. 環襯乾透之後，用鞋匠用削皮刀裁開仍相連的摺頁（見第54頁）。

6. 測量並標記書脊的高度和寬度。

7. 將牛皮紙裁切成與書脊相同的高度和寬度。

8. 將寒冷紗或無毛邊硬棉布裁切成高度比書脊長度少2公分（¾吋），寬度比書脊寬度多6公分（2½吋）。

緞帶和書頭布（非必要）

1. 將書芯夾入兩張輔助用灰紙板之間，放在工作平台上，一手施力壓住上方的輔助用灰紙板，或者放上書鎮壓住。

2. 緞帶：用刷子將白膠刷在書脊上約一半的長度，將緞帶其中一端約10公分（4吋）長的部分貼在書脊上。於緞帶上再刷薄薄一層白膠。

3.小心地將緞帶塞入書頁之間，在包上書封時就不會露出來造成阻礙。

4. 書頭布：測量並裁切兩段預先縫好的書頭布，其長度應比書脊的寬度稍短一些。

5. 在書頭布的布面部分直接塗白膠，將書頭布分別黏在書頭和書根——書頭布的縫起部分應突出於書頭和書根。

傳統上珍貴書籍的書頭布一方面具有裝飾功能，另一方面能減少書籍磨損（因為從書架取書時通常是從書頭抽取）。傳統的書頭布是由書籍裝幀師手工縫製，現在多半是機器縫製，而且只具有裝飾功能。緞帶可當成書籤使用，亦具有裝飾效果。

書脊加襯

1. 將書芯夾入兩張輔助用灰紙板之間,放在工作平台上(如圖所示),在書脊上刷塗白膠。上膠時小心不要塗到書芯側邊,或彩色環襯的邊緣。將寒冷紗或無毛邊硬棉布於書脊上置中黏貼固定,兩邊距離書頭和書根各留約15公釐(⅔吋)。

2. 用摺紙棒壓整,確定白膠分布均勻而且沒有留下氣泡。

3. 在貼於書脊上的寒冷紗或無毛邊硬棉巾上,冉塗一層白膠。

4. 將預先裁好的牛皮紙或馬尼拉紙於書脊上置中黏貼固定,兩端在書頭和書根處各超出約25公釐(1吋)。用摺紙棒仔細壓整,確定牛皮紙和書脊之間沒有留下空隙。

5. 靜置至少1小時等白膠乾透。

書封（書殼）

1. 測量書芯的高度和寬度，以及書脊的寬度。

2. 計算所需長寬後，以灰紙板裁切出封面硬板、封底硬板和書脊硬板：

> 封面硬板、封底硬板—— 依照第134頁的圖示計算封面和封底硬板所需尺寸。

> 書脊硬板——高度應與封面和封底硬板的高度相等；寬度應為書脊的寬度再加上1張灰紙板的厚度（本範例中為2公釐）。

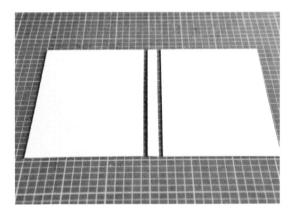

3. 裁切好灰紙板之後，將硬板和書芯組合起來，確認各個部分尺寸都正確無誤。確認硬板的方角互相對齊。

4. 將組合好的書冊放在工作平台上，約三分之一的長度突出平台邊緣懸空。用一張長條廢紙片緊密地包住書脊。一手拿緊書冊，另一手在廢紙片上分別標小封面硬板和封底硬板邊緣的位置（如圖所示）。

5. 移開廢紙片，放在桌上攤平，用分規測量兩個記號之間的距離。讓分規保持在這個間距，待後續使用。

6. 用金屬直尺和切割墊上的網格當輔助，在書布背面畫兩條交叉形成90度直角的線，兩條線與書布邊緣之間各留下3公分（1¼吋）的間距。將封面硬板放在書布上，用鉛筆輕輕描出輪廓線。

7. 用刷子將白膠刷在輪廓線內的區域，再將封面硬板對齊先前畫出的線條，小心地黏在書布上。用摺紙棒壓整一遍。

8. 將金屬直尺貼齊書封硬板的底部放置。用尺規移量步驟5的尺寸，預留書脊的寬度，依照圖中所示描出書封硬板的輪廓線。

9. 用刷子將白膠刷在輪廓線內的區域。將封底硬板小心地黏在書布上——利用金屬直尺和分規確認封面硬板和封底硬板的位置對齊，而且預留的書脊寬度從書頭到書根都一致。用摺紙棒壓整一遍。

10. 用刷子將白膠刷在預留給書脊的間隙部分，將預先裁好的書脊硬板放在封面硬板和封底硬板之間（目測置中）。用摺紙棒壓整一遍。

11. 裁切書布，四邊各留下約3公分（1¼吋）寬。四角剪裁成45度角。

12. 依照第95-97頁的步驟黏貼包邊。記得用摺紙棒從上到下壓整書脊和書封硬板之間的書溝間隙。

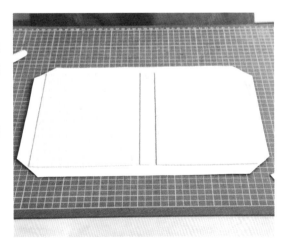

13. 將書封夾入壓書板裡，用書鎮壓平放置至少10-15分鐘。

包上書封（上書殼）

1. 將書芯夾入書封，確認書頭、書根和前書口的方角完全對齊。

2. 這時可視個人喜好，決定是否要將前後環襯靠外側那頁的前書口處裁去約1公釐。由於下個步驟將環襯上膠與書封黏合時，會稍微將環襯「拉伸」（stretch），裁去的部分剛好可以相抵。

3. 不要移動書芯，在前環襯的兩頁之間墊一張廢紙。接下來要盡量細心敏捷地進行：在環襯上刷白膠（並也分別在硬棉布或寒冷紗下方和上方上膠），不要翻起環襯，很快抽走廢紙。環襯會開始捲起。

4. 如圖所示，穩穩扶住書芯和書封，一手用拇指和食指按住前書口（避免書芯移位），將封面蓋在環襯上。確認每邊的位置都保持對齊，將封面用力向下壓。

5. 將書冊翻面放置，微微翻開書封（注意不要翻太開，以免損壞環襯），用牛骨或鐵氟龍材質的摺紙棒壓整環襯。

6. 重複步驟4和5黏貼封底。

進行這個步驟前，建議先不沾白膠，只用刷子試塗熟悉一下手感。

7. 將吸墨紙和防滲片分別插入前後環襯之間。吸墨紙應放在靠近書殼／書封的一側，防滲片應放在靠近書芯的一側。

8. 在書封和書脊之間的書溝位置上墊一張廢紙，用摺紙棒從上向下壓抵出溝槽。

9. 將書冊夾入壓書板之間，書脊稍微突露出來，用書鎮壓平整晚。注意：切勿在白膠乾透之前翻開書冊。

10. 乾透之後，一手握住書脊將書豎起，用剪刀剪去牛皮紙在書頭和書根位置多出的部分。注意不要剪到書頭布。

圓脊硬皮裝幀

材料

紙張尺寸見第40頁的說明。

A2紙8張。紙重不可低於80gsm或超過130gsm，短絲流。

環襯用紙：裝飾用圖紋紙，紙重不可低於100gsm或超過140gsm，短絲流。

灰紙板：厚2公釐的灰紙板，尺寸不小於250×350公釐（9¾×13¾吋），短絲流。另外再準備2張製作時輔助用的灰紙板——高度等於或大於書冊，厚度和絲流方向不拘。

書布：尺寸約350×450公釐（13¾×17¾吋），短絲流。

亞麻線：粗細為25/3，長度約2公尺（2¼碼）。

寒冷紗或無毛邊硬棉布：長寬約210×50公釐（8¼×2吋），長絲流。

牛皮紙：大小與寒冷紗或無毛邊硬棉布相當，長絲流。

吸墨紙2張。

防滲紙片或塑膠片2片。

書頭帶（非必要）：2條寬約2公分（¾吋）的細長布片（依書冊厚度而定）。

緞帶（非必要）：寬3公釐（⅛吋），長為書冊高度的2.5倍（約60公分／24吋）。

白膠。

骰紙。

馬尼拉紙：大小與寒冷紗或無毛邊硬棉布相當，長絲流。

工具

裝幀用縫針
切割墊
摺紙棒
分規
手術刀（筆刀或美工刀）
書脊槌
金屬三角尺或三角規
刷子
金屬直尺
自動鉛筆
一般剪刀或大剪刀
壓書板與書鎮

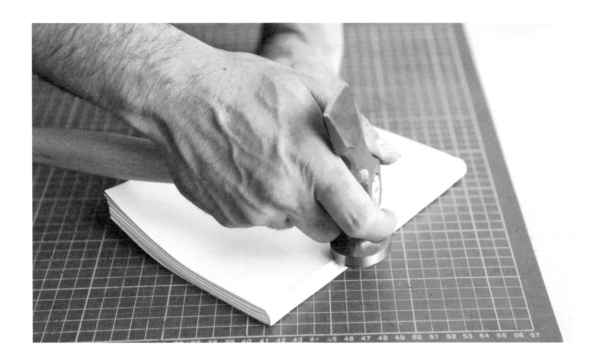

製作教學

依照「**方脊硬皮裝幀**」的「製作教學」、「縫綴」和「書芯加工」等教學步驟（第172-175頁）縫裝書芯。

在將書脊扒圓之前，測量並標記書芯的長寬尺寸。

從名稱可知，圓脊硬皮裝幀本具有圓弧形書脊和內凹的前書口，是傳統裝幀書籍的典型特徵。圓脊裝幀本很方便翻閱，而且容易攤平。用書脊槌將書脊扒圓的步驟在初學時可能有點難度，但熟練上手之後就會輕鬆許多。

扒圓書脊

製作好書芯並加工後，用書脊槌將書脊扒圓。使用書脊槌時，應用手握住槌頭（head），並將「槌面」（face）扣在食指和中指之間。

1. 將書冊拿起，書脊朝外，拇指扣在書下。用拇指像開扇子一樣將前書口扳壓開來，其他四指用力將書冊向下扣。

2. 用書脊槌從書脊上方朝前書口稍微施力「掃扒」（glancing blow）成圓弧狀。將整道書脊扒圓，直到書脊上半邊呈現均勻的圓弧狀。

3. 以同樣方式將書背下半邊也扒圓，直到書背從側面看起來呈圓弧狀，而前書口形成內凹凸。可能需要上下兩邊分別重複扒圓數次才能完成，記得要交互進行以確保扒出整齊側沿的圓弧。

緞帶和書頭布（非必要）

依照「方脊硬皮裝幀」的教學
步驟（第176頁）加上緞帶和書
頭布。確認黏上去的書頭布與
扒圓的書脊密切貼合。

書脊加襯

依照「方脊硬皮裝幀」的教學
步驟（第177頁）加襯書脊。

書封（書殼）

1. 測量書脊寬度：取長條廢紙
片包住書脊，用鉛筆在廢紙片
上標出書脊寬度。

2. 根據第183頁的步驟2於書
脊扒圓之前量取的書芯尺寸，
計算出封面硬板和封底硬板所
需大小，並裁切灰紙板（依照
第134頁的圖示計算）。

3. 裁切要當成書脊的長條馬尼拉紙：長度等於書封硬板的高度，寬度等於步驟1量得的書脊寬度。

4. 裁切好灰紙板之後，將書封紙板和書芯組合在一起，確認尺寸正確無誤。確認書頭、書根和前書口的方形書角完全對齊。

5. 測量書溝：將組合好的書冊放在工作平台上，約三分之一的長度突出平台邊緣懸空。用一張長條廢紙片包住書脊。一手拿緊書冊，另一手如圖中所示，在廢紙片上分別標出書封硬板邊緣和書脊邊緣的位置。用分規量取兩個記號之間的長度，再加上1公釐（為了容納書溝處的書衣厚度）並記下長度數字備用。

6. 用金屬直尺和切割墊上的網格當輔助，在書布背面畫兩條交叉形成90度直角的線，兩條線與書布邊緣之間各留下3公分（1¼吋）的間距。將封面硬板放在書布上，用鉛筆輕描出輪廓線。

7. 用刷子將白膠刷在輪廓線內的區域，再將封面硬板對齊先前畫出的兩條線，小心地黏在書布上。用摺紙棒壓整一遍。

8. 將金屬直尺貼齊封面硬板的底緣放置。根據步驟5測量的尺寸，在書頭和書根處標記出第一道書溝的位置。用刷子將白膠刷在預留的書脊位置，根據標記好的書溝位置，小心地黏上當成書脊的長條馬尼拉紙。用摺紙棒壓整一遍。

9. 將金屬直尺貼齊封面硬板和長條馬尼拉紙的底緣放置。根據步驟5測量的尺寸，在書頭和書根處標記出第二道書溝的位置。

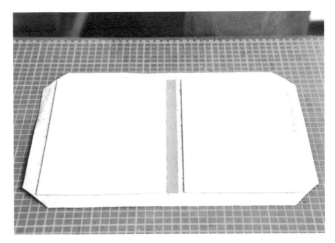

10. 根據標記好的書溝位置，將封底硬板放在書布上，用鉛筆輕描出輪廓線。

11. 用刷子將白膠刷在輪廓線內區域。將封底硬板小心地黏在書布上——利用金屬直尺確認封面硬板和封底硬板的位置對齊。用摺紙棒壓整一遍。

12. 裁切書布，四邊各留下約3公分寬（1¼吋；一般金屬直尺的寬度）。依照第94頁**「圖紋封面摺葉書」**的教學步驟裁切四角。

13. 依照第95-97頁的步驟黏貼包邊。記得用摺紙棒從上到下壓整書脊和書封硬板之間的書溝間隙。

14. 可將書封夾入壓書板裡，用書鎮壓平放置至少10-15分鐘。

15. 如圖所示，將書封的書脊處貼住工作平台斜緣前後滑動磨圓。

包上書封（上書殼）

依照「方脊硬皮裝幀」的教學步驟（第180-181頁）包上書封。

紙品店及材料行

紙張

Esme Winter
esmewinter.co.uk
圖紋紙、機器印製大理石紋紙、文具。郵購。

Jemma Lewis Marbling
jemmamarbling.com
手工染製大理石紋紙和大理石紋染材料包。郵購。

Payhembury Marbled Papers
payhembury.com
手工大理石紋紙。郵購。

G. F. Smith
gfsmith.com
紙品批發商,供應多種彩色紙和內頁用紙。郵購。

R. K. Burt & Company Ltd
rkburt.com
郵購或預約現場選購:
57-61 Union Street,
London SE1 1SG
精品文具店,販售高級版畫紙及其他紙品。

John Purcell Paper
johnpurcell.net
郵購或預約現場選購:
15 Rumsey Road
London SW9 0TR

Paperchase
papaerchase.co.uk
在英國各地皆有分店的連鎖文具禮品店。

書籍裝幀工具和材料

倫敦書籍藝術中心
shop.londonbookarts.org
Unit 18, Ground Floor
Britannia Works
56 Dace Road,
London E3 2NQ
書籍裝幀工具和材料、紙品、書布和書封製作材料、圖紋紙、書籍裝幀材料包。空間及設備開放供會員使用;開辦工作坊及課程,提供諮詢服務與建議。

Hewit & Sons Ltd
hewitonline.com
書籍裝幀用皮革、裝幀工具和材料,書封製作相關材料。郵購。

Ratchford Ltd
ratchford.co.uk
書封製作相關材料和工具。郵購。

Shepherds Falkiners
store.bookbinding.co.uk
郵購或現場選購:
30 Gillingham Street,
Victoria
London SW1V 1HU
高級紙品及圖紋紙、書籍裝幀工具和材料。

※於台灣欲購買本書所用之基本紙張、工具材料,可至美術社、五金用品店、手工藝品店等店家購買。

詞彙表

刀鍘式手動裁紙機Board chopper：用來裁切灰紙板和厚紙板及書邊的設備。

小冊Pamphlet：結構簡單的裝訂書冊，也稱為「小書」（chapbook）。

分規Spring divider：在書籍裝幀中用來精確量測和標記等長線段的製圖工具。

手風琴書Accordion book：用長條紙片重複摺疊而成的簡單書冊結構。

手鑽Pin vice：類似錐子的工具，可以更換不同鑽頭或鑽針。

牛皮紙Kraft paper：硬皮裝幀書冊中，用來裱襯書脊增加硬挺度的堅韌紙張。

加工壓書機Finishing press：裝幀加工時，用來壓穩固定書冊的木製壓書設備，比壓書機小台。

包上書封／上書殼Casing-in：將書芯和書封（或硬皮書）黏合或連結在一起的過程。

灰紙板Greyboard：見硬板。一種回收紙製成、用來製作書封的常見紙板。

前書口Fore-edge：與書脊相對的書冊部分，翻開的那一側。

書帖／台／疊Section：單張紙摺成的一疊，包含四頁或更多頁。

書帖壓緊機Nipping press：用來壓緊壓實書冊的設備。

書芯Book block：縫綴在一起的數份書帖；書冊的「內裡」。

書封紙板Millboard：品質優良的密實紙板，用於製作精美裝幀書籍的書封。

書根Tail：書冊的底端（見第34頁）。

書脊／書背Spine：書頁聚合相連的一側，與前書口相對。

書溝Joint：書脊和封面硬板及封底硬板之間的溝槽。

書葉Leaves：書冊的紙頁。

書頭Head：書冊的頂端（見第34頁）。

書頭帶／書頭布Headband：分別黏在書脊頭尾的布帶，傳統上的功用是減少磨損。

馬尼拉紙Manila：硬皮裝幀書冊中，用來裱襯書脊增加硬挺度的堅韌紙張。

寒冷紗Mull：硬皮裝幀書冊中用來裱襯書脊的布料，採用紗線間留有更多空間的開放式織法。

無毛邊硬棉布Fraynot：硬皮裝幀書冊中，用來裱襯書脊的硬棉布。

硬板Board：製作硬皮書封用的厚紙材，通常用回收紙製成。

絲流Grain：紙張纖維延伸的方向。

裝幀間Bindery：進行書籍裝幀工作的作坊或工廠。

電動裁紙機Guillotine：用來垂直裁切整疊紙張和書口。

對開Folio：一張對摺一次的紙。

摺紙棒／骨刀Bone folder：用來在紙上壓出和刻劃摺線的扁長工具。

摺葉本Concertina：用長條紙片重複摺疊而成的簡單書冊結構。

標準紙張尺寸ISO system：一系列的紙張尺寸，例如A4、A3等等。

鞋匠用削皮刀Shoe knife：修鞋匠使用的刀子，在書籍裝幀中用來裁割紙張。

錐子Awl：用來在紙上鑽穿孔洞的工具。

壓書機Laying press：裝幀加工時，用來壓穩固定書冊的木製壓書設備。

環襯／蝴蝶頁Endpapers：硬皮裝幀書冊中，在書帖前後的彩色或具裝飾圖紋的紙張。

縫書框Sewing frame：用來同時縫綴多本書的數份書帖的設備。

縫綴孔眼Sewing station：在書帖摺疊位置穿出的孔洞，用來穿線裝訂。

鐵氟龍摺紙棒Teflon folder：鐵氟龍材質的摺疊用工具，可替代牛骨製摺紙棒。

致謝

　　感謝Pavilion Books出版社給予機會，謝謝編輯Amy Christian和攝影師Yuki Sugiura無比的專業和耐心；謝謝Makoto Yamada協助設計本書，並為工作坊各方面提供寶貴支援；也謝謝Jay Cover總是完美精細的插圖。

　　特別感謝所有工作坊成員、講師群和倫敦書籍藝術中心之友（Friends of LCBA）。有太多人需要感謝，在此無法詳列，謝謝你們讓本書得以順利問世。

裝 幀 事 典
倫敦書籍藝術中心，手工裝幀創作技法全書
Making Books: a guide to creating hand-crafted books

作者	倫敦書籍藝術中心 London Centre for Book Arts
譯者	王翎
責任編輯	黃阡卉
美術設計	郭家振
行銷企劃	蔡函潔
發行人	何飛鵬
事業群總經理	李淑霞
副社長	林佳育
副主編	葉承享

出版	城邦文化事業股份有限公司 麥浩斯出版
E-mail	cs@myhomelife.com.tw
地址	104 台北市中山區民生東路二段 141 號 6 樓
電話	02-2500-7578
發行	英屬蓋曼群島商家庭傳媒股份有限公司城邦分公司
地址	104 台北市中山區民生東路二段 141 號 6 樓
讀者服務專線	0800-020-299（09:30~12:00; 13:30~17:00）
讀者服務傳真	02-2517-0999
讀者服務信箱	Email: csc@cite.com.tw
劃撥帳號	1983-3516
劃撥戶名	英屬蓋曼群島商家庭傳媒股份有限公司城邦分公司
香港發行	城邦（香港）出版集團有限公司
地址	香港灣仔駱克道 193 號東超商業中心 1 樓
電話	852-2508-6231
傳真	852-2578-9337

馬新發行	城邦（馬新）出版集團 Cite（M）Sdn. Bhd.
地址	41, Jalan Radin Anum, Bandar Baru Sri Petaling, 57000 Kuala Lumpur, Malaysia.
電話	603-90578822
傳真	603-90576622
總經銷	聯合發行股份有限公司
電話	02-29178022
傳真	02-29156275
製版印刷	凱林彩印股份有限公司
定價	新台幣 599 元／港幣 200 元

2022 年 11 月初版 3 刷・Printed In Taiwan
版權所有，翻印必究（缺頁或破損請寄回更換）

ISBN	978-986-408-399-2（精裝）

國 家 圖 書 館 出 版 品 預 行 編 目 (CIP) 資料

裝幀事典：倫敦書籍藝術中心，手工裝幀創作技法全書 / 倫敦書籍藝術中心 (London Centre for Book Arts) 著；王翎譯. -- 初版. -- 臺北市：麥浩斯出版：家庭傳媒城邦分公司發行, 2018.07
　　面；　公分
譯　自：Making books : a guide to creating handcrafted books
ISBN 978-986-408-399-2(精裝)

1. 圖書裝訂 2. 設計

477.8　　　　　　　　　　　　　　　107010806